卤惑人心

陶聪——著

江苏凤凰科学技术出版社

图书在版编目（CIP）数据

卤惑人心 / 陶聪著. -- 南京：江苏凤凰科学技术出版社, 2017.5

ISBN 978-7-5537-6892-2

Ⅰ. ①卤… Ⅱ. ①陶… Ⅲ. ①卤制 - 饮食 - 文化 Ⅳ. ①TS971

中国版本图书馆CIP数据核字(2016)第171918号

卤惑人心

著　　者	陶　聪
责任编辑	倪　敏
责任监制	曹叶平　方　晨
出版发行	凤凰出版传媒股份有限公司 江苏凤凰科学技术出版社
出版社地址	南京市湖南路 1 号 A 楼，邮编：210009
出版社网址	http://www.pspress.cn
经　　销	凤凰出版传媒股份有限公司
印　　刷	北京文昌阁彩色印刷有限责任公司
开　　本	880mm × 1 230mm　1/32
印　　张	7
字　　数	190 000
版　　次	2017年5月第1版
印　　次	2017年5月第1次印刷
标准书号	ISBN 978-7-5537-6892-2
定　　价	35.00元

前言

在这个大“食”代，该怎样吃卤味？

和盐的邂逅，让茹毛饮血的先人突然找到了打开美食之门的钥匙。试推断，第一个吃到卤味的人，应该来自于某个靠海而生的氏族部落。当时，刚刚学会了用火的他，对于烹饪技艺的掌握，无非在以火炙的基础上，增加了一项水煮的技能而已。可就是这一丁点儿的增加，给予了人类一次苏醒其内在美食烹饪天赋的宝贵机会。

一日，在水煮食物时，或者由于匆忙，或是因为粗心，而错将盐水倒入，结果意外发现，食物反而更加美味，因而探到了盐的玄机。然而，就是这一餐只有一味盐佐味的简陋卤味，让他吃到了惊喜，吃出了新天地。就是这一火、一盐，澄清了人类原本混沌的美食智慧。从此，人类开始疾速奔跑在追求美食的路程上。

到夏商时期，人们使用的炊具由陶罐变成了铜鼎；对味道的调制有了更进一步的认识，在盐的基础上，又加入一些香料等一起置于炊具中，加水和食材煮熟，用刀割而食之。这一次，卤味初露端倪。而《韩诗外传》也曾记述，在举行祭祀和盛典时，人们要击钟列鼎而食。不得不说，这卤味吃得相当郑重和霸气！

后来到了战国时期，一道露鸡诞生于楚国宫廷。这是卤味第一次和人们正式打招呼，如此高调的亮相，生了多少雅姿。然而，一切神秘都经不起岁月的蹉跎。北魏时，卤法技艺已臻于成熟。《齐民要术》中曾介绍“绿肉法”：“用猪、鸡、鸭肉，方寸准，熬之。与盐、豉汁煮之。葱、姜、橘、胡芹、小蒜，细切与之，下醋。”

至明清，卤水的材料和配方基本固定，从此“卤”在美食烹饪中使用越来越广泛，而卤味的庙堂之味早已淡去，市井气、江湖气则日渐浓郁。几乎家家户户都能做出几道不错的卤味，若嘴边稍挂馋意，走几步路到家门口的街边小摊就能买得到。

如今，我们生活在一个大“食”代，吃过的美食越来越多，没吃过的美食也以膨胀之势，增长得更为迅猛。

单以卤味来讲，相较于过去，如今食材的选择更加丰富，辅料的搭配更加繁复新奇，烹调技艺则从单一的卤法，到与煎、炸、蒸、焖、烧等方法紧密结合，使得卤味的风味愈来愈丰富。不止如此，如今的美食家们、老饕们一边孜孜不倦地求创新以发展新味，另一边又拼命收集、整理烹饪古法，企图复制旧味。然而，无论是新味儿，还是旧味儿，似乎都不足以体会和揣摩到那位先人无意吃到一餐简陋卤味时，油然而生的满足和欣喜。

如今，无论是东北酱大骨，还是南京的盐水鸭；无论是潮州的卤鹅，还是贵阳的酸辣牛肉粉；无论是长沙的卤臭豆腐，还是兰州的羊肉拉面，只要时间空闲、经济允许，早已不成问题。各具特色的北咸、南鲜淡，东甜、西酸辣的地方风味，想要全部领略，早已不需要壮士断腕的勇气和周密的谋划，冲动之间，早已坐在某座陌生城市的街头，端正地吃着经典的特色小吃。

然而，吃遍了东西南北味，似乎那一份因美食产生的悸动和憧憬，并未如愿以偿。那份出发前幻想的大收获，到头来就落上一份小确幸。于是，由着时间的空闲，交通的便利，金钱的充足，我们再跑一遍南北，走一圈东西，再找出此前的未尽兴之处，再吃上一顿，再补充一遍，其实也吃不出一份心意来。

如此下去，再多吃上一轮儿，也不会有茅塞顿开的信息和收获。为何？一是，时间、交通的便利让心早已变得粗糙，即使再小心翼翼，始终是刻意为之，当然与所谓自然的欣喜差之甚远；二是，与乡味儿多年未重逢，未坦诚交流，让我们的味蕾变得不那么灵敏，对于食物的趣味捕捉已稍有笨拙之嫌。

一个人的美食智慧由一方炊烟培育，由一方水土滋养。少了故乡水土的滋养，关乎美食的智慧早已因干涸变得困乏，再多的他乡美食，填饱的只有肚子，自然也品不出其妙处。

这本书，因为有一帮子来自不同地方的好友的分享和推荐，记述的内容有很大的地理跨度，包括了中国各地的特色风味卤味和异域风情的卤味。这是一本美食智慧书，一道道美食背后闪耀着一份份智慧和真诚。不同地域的人，发挥着自己的智慧，让生活变得更加美好。这是一本美食寻宝书，美食达人可以循着书中的路线，空出肚子，理好精神，来一次酣畅淋漓的卤味之旅。这也是一本食谱书，烹饪爱好者可借鉴书中提供的方法，再加上自己的智慧、喜好，卤出一道道好吃的美味，岂不是更妙。

关于如何吃卤味，以上便是我的答案。当然，作为读者的你，不管现在赞不赞同，都请一定要继续往下读，以得出你的答案。

目录

说一场卤味秀

城市的卤味笔记

3 一场卤的盛宴

4 别有一番卤味

1 说一场卤味秀

一份卤味，何以有这么大的魅力？
卤味的成功记，
有几篇不算长的文字，为你一一描绘，
它的来历、成长和味道秘诀。

盐与卤，卤与盐

盐的奥秘被发掘后，美食和美食家便自然产生了。

作家陆文夫借电影《美食家》男主角朱自冶之口说道：“人类的发展有两个飞跃阶段，一是熟食，一是搁盐。”熟食，火炙而得之。火与盐的使用，使人类结束了茹毛饮血的蛮荒状态，唤醒了人类潜藏的美食烹饪天赋。之后各种炊具相继出现，烹饪新法越来越多样，卤便成为其中一种烹饪方法。不过由于历史过于久远，其何时出现，并无确切的证据可考。

何为卤？在《现代汉语词典》中，卤共有五个义项，其中三个分别是：1. 名词，盐卤；2. 动词，用盐水加五香或者用酱油煮；3. 名词，用肉类、鸡蛋等做汤加淀粉而成的浓汁，用来浇在面条等食物上。

先说第三个义项，北京打卤面、陕西臊子面、兰州拉面、昆山奥灶面、尉氏烩面、开封蒸卤面、桂林米线、蒙自过桥米线、贵阳酸辣粉、柳州螺蛳粉、常德牛杂粉、四川牛肉面……这些特色的地方美食都是用肉类加多种调料，再配以素菜制成浇头，淋在煮好的面条或米线（米粉）上。浇头，是江浙一带人们的习惯叫法，北方人称之为卤或者臊子，在京津地区还有“氽儿”的叫法。不过，做干面（不带汤）的卤惯用烧法制成，而做汤面的卤常用煮法，所以一般称之“老汤”。

▲
唯有一把盐，衬天下万般味道。

接着来说说第一个义项，卤即盐卤。提起盐卤，会联想到传说中的阪泉之战。传说当年黄帝与炎帝两部族，围着盐池展开了激烈的战争。后来黄帝战胜蚩尤，将蚩尤斩杀，其血流入盐池，化为盐卤，后世之人世代食用。

而关于盐卤，在浙江舟山定海还有这么一个故事。故事说，在东海的小岛上住着一个老捕鱼人叫严卤，一天他在捕鱼时，拉上来一个红光闪闪的金葫芦，而后金葫芦自裂成两半，从里面飞出了一只金凤凰。传说金凤凰落在哪里，哪里就是宝。所以严卤便将其落脚处的海涂泥挖了回家。渔霸得知后，便抢走海涂泥并献给了皇帝。皇帝不识宝，而说不出所以然的严卤也因此遭受牢狱之灾。后来皇帝在用膳时，悬在梁上的海涂泥的泥水掉进了菜肴里，皇帝吃后觉得非常美味，便明白这海涂泥就是宝贝。

这则故事也不例外地以“除凶扶正”为结局。虽然十条龙舟都装满了海涂泥，但返航的途中，却遭遇大风，皇帝葬身海底，海涂泥也倒入了大海中，水因此变咸了。当然严卤安然无恙。平安回家的他便带领村民挑海水晒盐，从此过上了幸福的生活。因为海水能产盐是严卤发现的，为纪念严卤，人们就把盐水叫卤。

“盐”古作“鹽”，此字本义是在器皿中煮卤。《说文》释：天生者称卤，煮成者叫盐。

蚩尤之血化为盐卤，作为一则传说故事显然无据可考，不过，最初的先人们确实是靠饮用动物的血获得盐。而《盐与卤》的故

▲
清代自贡井盐生产之图说

事则交代了盐的古制法，以及盐有可增加食物美味的作用。

俗话说，开门七件事：柴米油盐酱醋茶。宋朝苏轼有感慨：“岂是闻韶解忘味，迩来三月食无盐。”盐乃咸之载体，五味中咸为首，所以盐在调味品中名列第一位。

盐对卤的启发，自贡就是一个很好的例子。秦昭王蜀郡李冰识齐水脉，穿广都盐井，而使蜀地盛有养生之饶。而西晋《华阳国志·蜀志》在追述当地饮食习俗就有“尚滋味，好辛香”“鱼盐、茶蜜、丹椒”的记录，说明当时当地人就已经学会使用盐和花椒制作卤水。后来，自贡盐井自汉章帝时发端，两千多年来，围绕着盐井，自贡一步步建立了起来，盐不仅带来了繁荣，也启发了自贡美食，其中包括很多特色的卤味美食，例如火边子牛肉、钻子卤牛肉……

最后再来说说第二个义项：用盐水加五香或者用酱油煮。这也是生活在现代的人们对于卤产生的最直接、最普遍的认知。

卤味在中国已有上千年的历史。关于卤烹的雏形，有史料记载，夏商时期的人们将盐、香料等调料置于铜器炊具中，加水和食材煮熟，然后用刀分而食之。后来的《周礼》也记述了当时的人们习惯将盐、香料、食材加水烹煮。到战国时期，一道宫廷名菜“露鸡”让人们第一次对卤味有了具象的认识。屈原在《楚辞·招魂》一篇中写道：“露鸡臛蠵，历而不爽些。”后郭沫若在《屈原赋今译》中将“露鸡”解释为“卤鸡”，即将处理好的嫩母鸡投入五味调和的卤汁中卤煮而成。到北魏时，卤法技艺已臻于成熟。《齐民要术》中曾介绍“绿肉法”，“用猪、鸡、鸭肉，方寸准，熬之。与盐、豉汁煮之。葱、姜、橘、胡芹、小蒜，细切与之，下醋。”至明清，卤水的材料和配方基本固定，从此“卤”在美食烹饪中使用越来越广泛。

卤味既可登上庙堂，又可行于江湖。发展至今，卤烹的配料越来越复杂，有的甚至可用上百种香料；酱色的材料也不拘于酱油，还有非常多的酱料，比如黄豆酱、辣椒酱、甜面酱、柱侯酱、XO酱、红曲等，而且制作卤味的方法越来越多样，卤法与炸、煎、蒸、腌、烧等法的组合搭配，使得卤味的种类越来越丰盛，让我们的选择空间越来越大。

所以，单单从美食出发，又限于卤味来讲，我们确实生活在最好的“食”代。

▼
皎白似雪，一粒粒调出好味道。

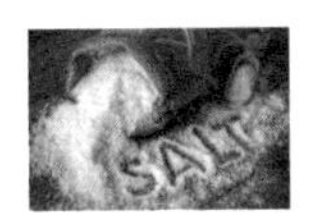

烹一道卤味，食材、辅料就着汤火，
没有盐，仿佛正上演着一出无政府主义的哑剧。

▼
有味使之出，
无味使之入。

卤，有轻骨茶味

以茶入卤的意义，
滋饭蔬之精素，攻肉食之腥膻。

酒可破拘束、解忧愁；茶可发清吟、涤昏寐。酒赋予人不羁的性格，给一份走出去的勇气；而茶赋予人自持的性格，留一份坐下来的淡然。

中国，是茶的第一故乡。在中国，茶被发现和利用有着非常久远的历史。《神农本草》中记述：“神农尝百草，日遇七十二毒，得茶而解之。”这大概是中国人和茶的第一次邂逅交流。而周公旦的《尔雅》记载有“槚，苦茶”，则是对茶的最早文字记载。

晋《华阳国志》有文：“周武王伐纣，实得巴蜀之师……丹、漆、茶、蜜……皆纳贡。”最初，茶一直是名门贵族的专属。唐朝时，整个社会都盛行着饮茶的风气，无论是显赫名士还是布衣百姓都会煮茶，都爱饮茶。

关于制茶，陆羽在《茶经·之造》中写道：“晴，采之。蒸之，捣之，拍之，焙之，穿之，封之，茶之干矣。”如此烦琐的工序，无论如何，都需要漫长的时间去摸索。因此，最初的人们并不懂制茶饮茶，就是实实在在地吃茶，开始是采来新鲜的茶叶咀嚼。后来则发展为生煮羹引。茶作生煮，类似于现在的煮菜汤；作羹引，《晋书》中记有“吴人采茶煮之，曰茗粥”。后来，唐人仍保持着吃茗粥的习惯。

▼
悠悠茶香深化了食物的几多美味。

由此可见，以茶入馔的传统由来已久。唐代诗人顾况在《茶赋》中写道：“茶，滋饭蔬之精素，攻肉食之膻腻。”寥寥一句，精准地道出了以茶入肴的妙处。

以茶入馔的菜品很多，其中最经典的一道名菜就是“龙井虾仁”。而创造此菜的灵感，相传来自于苏东坡《望江南》中的“且将新火试新茶，诗酒趁年华”一句，烹者别出心裁选用明前龙井茶的嫩芽配以新鲜的河虾仁烹制。虾仁嫩白似玉，茶叶清香碧绿，两者相得益彰，滋味独特，品尝过的人无不夸赞。

茶有多种，有龙井、碧螺春、信阳毛尖等绿茶，有铁观音、武夷岩茶等乌龙茶，有正山小种、金骏眉等红茶，还有白茶、黑茶和黄茶。如果用作烹调卤味的话，绿茶会更胜一筹。相较之下，绿茶会更为清新，更为恬淡。

以茶入卤的理由在于，其一，茶能很好地去除肉类食材的腥味、膻味；其二，茶能增香，不同于酒以醒香来提香，茶则是以敛香而增香。都说五味调和而得卤，茶能将多种香料、配料的食材的味道捋得更加细致、顺畅，让香味走得更为悠长。当然茶虽好，也不能肆意添加，放得过多会敛去其他香料、配料的味道，只会凸显出茶的涩味儿。

▼
凭着汤火，茶叶轻吐着香味，静静地浸染着食材。

以茶入卤是个非常妙的创意，采茶之香佐食之美味，而食之五味又能去茶之苦涩，两者相佐而成一雅味，何其妙哉。

列举几道以茶佐味的卤菜，再饱眼福，龙井大排、铁观音炖鸭、茶卤猪蹄、米酒茶香鹅……

五香茶叶蛋

材料 / 鸡蛋 10 个，水 2000 毫升，乌龙茶茶叶 15 克

调味料 / 盐 18 克，花椒 3 克，丁香、小茴香各 2 克，八角 6 克，肉桂、甘草各 4 克，酱油 150 毫升

做法

1 / 将鸡蛋、1000 毫升水、3 克盐一起放入锅中，开小火慢煮至沸腾，约 3 分钟后，将鸡蛋取出用冷水冲凉后剥去壳。

2 / 将所有的香料装入棉质卤包中，用棉线绑紧后备用。

3 / 另取锅倒入 1000 毫升水，放入卤包和剩余的盐，大火加热煮至沸腾后再加入茶叶煮。

4 / 待卤水再次沸腾后，放入鸡蛋，继续小火使卤汁保持沸腾约 1 分钟后熄火，让鸡蛋浸泡约 30 分钟后，即可捞起食用。

茶香卤猪蹄

软玉般的猪蹄横卧在翠绿的上海青上，
伴着那颤悠悠的样子，幽幽的茶香也更加浓郁，
生生地吊着食者的胃口。

材料 / 猪蹄 900 克，上海青适量，八角 1 粒，桂皮 3 克，花椒粒 1 克，茶叶 5 克，热开水适量

调味料 / 酱油 180 毫升，料酒 30 毫升，冰糖 15 克，盐少许

做法

1 / 将上海青洗净，控干水分备用。

2 / 将猪蹄洗净，放入开水中汆烫，约 5 分钟后捞出，泡冰水待凉，备用。

3 / 取一个砂锅，把猪蹄放入，加入八角、桂皮、花椒粒以及所有调料，煮出香味后，加入热开水，转小火煮约 1.5 小时。

4 / 放入茶叶煮约 5 分钟，关火后，闷上 10 分钟。

5 / 另取一锅，加水大火烧开后，放入上海青快速烫熟，捞出，搭配猪蹄一起食用即可。

卤，有醉人酒味

食者与卤味的关系，
由着酒去调和，一下子亲厚了不少。

酒之于中国人，说如空气、水一般未免太过夸张，但若少了酒，似乎就少了一种“人生得意须尽欢，莫使金樽空对月”的不羁和洒脱。因此，人若少了酒，就少了一些性格。所谓无酒不成席，若单单只是吃饭，多多少少总会守着一份矜持，温温吞吞，但酒过三巡后，酒略上头，人就会畅快起来，言语虽稍有出格儿，但也总算真切。

据史料记载，世界上最早的酒，是落地野果自然发酵而成的果酒。关于酒的起源，在我国有猿猴造果酒的传说；当然还有其他说法，晋江统的《酒诰》载有：“酒之所兴，肇自上皇；或云仪狄，一曰杜康。有饭不尽，委余空桑，郁积成味，久蓄气芳，本出于此，不由奇方。”无论发于上皇，或是始于仪狄，还是源于杜康，总之，酒在中国走过了漫长的历史岁月。

中国是黄酒的唯一故乡。黄酒与红酒、啤酒并称为世界三大古酒，其产地有很多，著名的有绍兴加饭酒、福建老酒、江西九江封缸酒、江苏丹阳封缸酒、无锡惠泉酒、广东珍珠红酒、山东即墨老酒等。但最受欢迎、最能体现黄酒特色的当推绍兴酒。

◀
清酒的淋入，
深化了虾的鲜味。

中餐拿酒用作烹调的历史悠长。在我国就有专门用于烹饪的酒——料酒。其来源于黄酒，再加入花椒、八角、桂皮、丁香、砂仁、姜等多种香料酿制而成。南方人无论荤素，在烹饪时总会或多或少地放点儿料酒，而北方人一般只在烧肉菜的时候才会使用。由于白酒的度数较高，用于烹饪时不能放得过多，否则酒精挥发不完，菜的味道会发苦。不过，也正因为白酒的度数高，其杀菌作用相当好，因此，北方人在酷热的三伏天儿里做闷豆酱时，都会放入相当分量的白酒。北方人以酒入酱是为了杀死酱里滋生的细菌，延长其保质期；客家人以酒烹调盐酒鸡则是为了补虚、驱寒和除湿；而像主产黄酒的绍兴人大概是为开发酒的功能，而无意间觅得添酒入肴的美好。

花雕鸡

材料 / 土鸡 1/2 只，红葱头 50 克，黑木耳 50 克，大蒜 5 瓣，干辣椒 5 个，芹菜 30 克，洋葱 30 克，葱段 30 克，色拉油 30 毫升，水适量

腌料 / 花雕酒 45 毫升，酱油 10 毫升，盐 2 克，白糖 2 克，淀粉 5 克

调料味 / 辣豆瓣酱 15 克，蚝油 15 毫升，花雕酒 60 毫升，麻酱 3 克，白糖 5 克，鸡精 5 克

做法

1 / 土鸡处理好后切小块，加入所有腌料拌匀后腌渍约 1 个小时，备用。

2 / 红葱头及大蒜均洗净切片；干辣椒洗净切小段；洋葱洗净切小块；芹菜洗净切段；黑木耳泡发后洗净切小片；葱段洗净。

3 / 热锅，倒入色拉油，放入腌好的鸡块煎至两面金黄后盛出，备用。

4 / 锅中留少许油，放入蒜片、红葱头片、干辣椒段、洋葱块，以小火炸至蒜片呈金黄色时，放入煎过的鸡块，放入水及所有调料（花雕酒只取 45 毫升）炒匀，盖上锅盖，转小火焖煮约 15 分钟。

5 / 打开锅盖，放入芹菜段、黑木耳片、葱段翻炒 1 分钟，最后淋入 15 毫升花雕酒炒匀，即可盛盘。

烧酒鸭

材料 / 菜鸭 1 只，烧酒鸭卤包 1 包，水 3000 毫升，香菜少许

调味料 / 米酒 1000 毫升

做法

1 / 菜鸭处理好后剁小块，放入沸水中汆烫 2 ~ 3 分钟去杂质、血水，再捞出以冷水洗净，备用。

2 / 取深锅，倒入水，放入烧酒鸭卤包、汆烫后的鸭肉块及米酒，盖上锅盖，开中火煮约 45 分钟后，熄火取出鸭肉块盛盘，最后撒上香菜即可。

好卤料，好卤味

调制卤汁是一门高深的学问，但是它所使用的材料都是一些基本材料。现在就让我们来看看这简单的调料，有着哪些不简单的作用。

1. 酱油

酱油能让食材上色入味。卤味要好吃，卤汁中的酱油是关键因素之一。选用酱油的时候，不要挑酱色过深的，否则卤出来的成品颜色不佳；咸淡因品牌不同亦会有差异，可再用糖、盐等调整咸淡。

2. 料酒

一些用来卤制的食材，例如动物内脏、鸡爪、猪肘子等，去腥格外重要，加入料酒去腥效果尤佳。

3. 糖

糖可以调整卤汁风味，不论选用白糖还是冰糖，都是合适的。白糖较香；冰糖质纯，能让卤味有光泽。但不建议使用风味突出的红糖。

4. 盐

盐可以调整卤汁风味，也有中和卤汁口味的作用。

1 | 2 | 3 | 4

卤包中的常用药材

1. 沙姜

可减少肉的膻腥味，还具有温中散寒、理气止痛的功效，并能促进胃肠的蠕动。

2. 甘草

豆科植物，味甘，入口生津，具有补中益气、泻火解毒、润肺祛痰的功效，并能缓解压力。

3. 草果

味道带有辛辣，可减少肉腥味，是制作卤鸡的主料，主产于云南、广西、海南等地。

4. 桂皮

又称肉桂，取自肉桂树的树皮，可直接用来炖煮。肉桂叶也具有去腥的作用，是用途非常广的调料。

5. 香叶

香气浓郁，具有暖胃消滞、顺喉止渴等作用，在烹饪上也可增加肉质的鲜甜度。

6. 小茴香

具有缓解头痛、健胃整肠、消除口臭等效用，也有祛寒止痛、镇定的功效，是做鱼的常用调料。

7. 橘皮

是芸香科植物及其变种的成熟果皮，能散发清热、消除积水。

8. 丁香

可缓解疼痛、呕吐、食物中毒症状，具有温肾助阳的作用，其香气浓烈，可增进食欲。

9. 八角

有八个角的星状果实，香气浓烈，有着甘草香味及微微甘甜味。如果形状完整，密封起来，可存放约两年。通常不直接食用八角，主要用作调料，帮助提味、去腥。一般情况下，卤肉或红烧烹饪中少不了八角。

10. 陈皮

由橘子皮晒干后制成，可用来中和动物内脏等的特殊味道。

11. 花椒

有温中散寒、止泻温脾、暖胃消滞的作用。常用在菜肴烹饪中，有防止肉类滋生细菌的效果。

12. 五香粉

味道香浓，是由数种独特的香料混合而成，常见的有八角、肉桂、丁香、花椒及陈皮，适合用于肉类烹饪。需酌量使用，若使用过量，香味反而会呛鼻，也就失去其提味的作用。卤肉时加入适量五香粉，更能凸显肉质的美味。

7	8	9
10	11	12

多味汁，多味卤

1 红卤

红卤卤汁主要用料包括酱油、米酒、水、盐、葱、姜、白糖（或冰糖）、八角、桂皮、花椒、丁香、草果等。因卤汁加了红曲或酱色，味道甘鲜香醇，卤制出的菜肴颜色亦呈现红色，才被称为红卤。有时候为了让食物更加美观，会在卤水中添加食用色素，例如红卤墨鱼。

2 创意卤

香草是西方人日常生活中常用的调味品，相当于我们常用的葱、姜、蒜之类，可用来制作创意卤。在做西式菜品时，西红柿、海带也常被用作卤味中的调味品，风味独特。

3 香辣卤

在基础卤汁中添加辣椒粉，让整锅的卤汁有辣味，即成香辣卤，但它与一般麻辣锅的辛辣口味是不一样的。也可以用任意一种卤包加上辣椒粉来制作独特的香辣卤汁。辣椒粉的比例可依自己的喜好增减。

4 白卤

白卤卤汁用料不加酱油和糖，仅用水、一些调料和中药调制而成。有些食材因本身色泽的关系，并不需要再靠卤制过程来增加色泽，例如猪肚。所以，白卤就是要呈现材料原本的色泽，但有时为避免颜色太白，也会加入少许酱油调色。

5 酒香卤

酒香卤的味道有别于一般卤味，最主要的不同在于其所使用的调味酒，例如茉莉花酒、桂花酒、红酒等，都可以用来做酒香卤。添加不同的酒，风味和口感也会不同。

6 冰镇卤

冰镇卤味和加热卤味所选择的材料大多相似，不外乎爪、翅、内脏、豆制品等，而最大的不同在于冰镇过后特殊的口感和香味。冰镇卤味的口感筋道、脆中带韧，香味更是不用说。在冷藏之后，口感肥而不腻。

1	4
2	5
3	6

潮式卤汁

卤包材料 / 草果 2 颗，八角 10 克，桂皮 8 克，沙姜 15 克，陈皮 8 克，丁香、花椒各 5 克，小茴香、香叶各 3 克，罗汉果 1/4 颗，香菜茎 20 克

卤汁材料 / 葱 30 克，大蒜、姜、香菜茎各 20 克，盐 15 克，白糖 120 克，水 1600 毫升，酱油 400 毫升，蚝油、米酒各 100 毫升

做法

1 / 葱洗净，切段后拍扁；姜洗净、去皮，切片后拍扁；大蒜洗净，去皮后拍扁。

2 / 所有卤包材料放入棉布袋中包好，制成卤包。

3 / 将所有卤汁材料与卤包放入汤锅中，以大火煮沸，改小火保持沸腾状态约 5 分钟，至香味散发出来即可。

麻辣卤汁

卤包材料 / 八角、川芎各 7 克，丁香 4 克，桂皮 12 克，香叶 3 克，甘草 10 克，白豆蔻 5 克，草果 1 颗

卤汁材料 / 葱、大蒜、花椒各 20 克，姜、干葱头各 30 克，色拉油 100 毫升，辣椒酱 200 克，干辣椒 40 克，高汤 1200 毫升，酱油 200 毫升，糖 60 克

做法

1 / 葱、姜、大蒜及干葱头拍破、略剁碎，备用；将所有卤包材料装入一棉布袋中，扎紧，制成卤包备用。

2 / 炒锅倒入 100 毫升色拉油，开小火炒香葱、姜、大蒜、干葱头，炒至微焦黄时，加入辣椒酱，继续用小火不停翻炒。

3 / 炒至微有焦香时，加入花椒及干辣椒翻炒，再加入高汤、酱油、糖和卤包，大火烧开后，改小火烧 15 分钟即可。

蜜汁卤汁

卤包材料 / 八角 10 克，罗汉果 1/2 颗，花椒 3 克，豆蔻 2 颗，草果 2 颗，桂皮 10 克

卤汁材料 / 葱 20 克，姜 20 克，水 1500 毫升，酱油 500 毫升，糖 300 克

做法

1 / 卤包材料全部放入卤包棉袋中，绑紧，制成卤包备用。

2 / 葱、姜洗净，拍松，放入汤锅中，倒入水烧开，再加入酱油。

3 / 待卤汁再次沸腾时，加入糖、卤包，改小火煮约 5 分钟，至香味散发出来即可。

冰镇卤汁

卤包材料 / 草果 2 颗，豆蔻 2 颗，沙姜 10 克，小茴香 3 克，花椒 4 克，甘草 5 克，八角 5 克，丁香 2 克

卤汁材料 / 葱 20 克，姜 50 克，大蒜 40 克，水 3000 毫升，酱油 800 毫升，白糖 200 克，米酒 50 毫升，色拉油 45 毫升

做法

1 / 葱洗净，切段后以刀拍扁；姜洗净、去皮，切片后拍扁；大蒜洗净，去皮后拍扁，备用；热锅，倒入色拉油烧热，放入葱段、姜片、大蒜，用小火爆香。

2 / 向锅中倒入 3000 毫升水，转大火继续炖煮。

3 / 将其他卤汁调料（酱油除外）与卤包一同放入锅中。

4 / 倒入酱油，以大火烧开，改小火保持沸腾状态约 10 分钟，至香味散发出来即可。

烟熏卤汁

火炙烤着茶叶，逼出缕缕茶香。
茶香悠悠，流入汤中静静地浸润着食物。
食者的口中又多了一道香。

卤包材料 / 草果 1 颗，八角 5 克，桂皮 6 克，香叶 3 克，沙姜 6 克，罗汉果 1/2 颗

卤汁材料 / 葱 20 克，姜 20 克，水 1500 毫升，糖 100 克，酱油 300 毫升，黄酒 100 毫升，盐 10 克

做法

1 / 卤包材料全部放入卤包棉袋中，绑紧，制成卤包备用。
2 / 葱、姜用刀背拍松，放入汤锅中，倒入水烧开，加入酱油。
3 / 待再次沸腾时，加入盐、糖、卤包，改小火煮约 5 分钟，至香味散发出来，再倒入黄酒即可。

茶叶属于熏料中的香味材料，可让卤味具有诱人茶香。为了加速茶叶释放香气，最好先将茶叶磨碎，颗粒越细效果越好。以红茶的味道最佳，但依个人喜好也可改用绿茶、乌龙茶或家中现有的茶叶等，不同的茶叶熏出来的味道也不同。

2 城市的卤味笔记

去一座有味道的城市，
好好地吃卤味，
关乎美食，关乎人，关乎城市，
一定要好好地品味。

北京吃主儿吃什么

有一群吃主儿，
美食才得以号称北京味。

说起老北京美食，嘴边总会念叨起那些善吃的“吃主儿”，鲁迅、老舍、梁实秋、程砚秋、荀慧生……吃主儿们皆老矣往矣，当年林立的老字号们亦寥矣稀矣。

说老北京卤味，说老字号卤味，首先从比较年轻的卤煮火烧开始。卤煮火烧，又称卤煮小肠，或者就单叫卤煮。

相传，卤煮火烧源于一道乾隆年间的宫廷菜肴——苏造肉。苏造肉以五花肉为材料，价格相较昂贵，小肠陈的创始人陈兆恩智慧地用猪头肉代替五花肉，同时又加入了价格更加低廉的猪下水烹煮，后经陈氏家族几代人的继承和创新，才烹制出肉肥而不腻、烂且不糟、火烧透而不黏的卤煮小肠，颇受人们的欢迎，其中梅兰芳、谭富英、张君秋和后来的谭元寿等都会在唱罢夜戏后，要一碗卤煮火烧来犒赏空荡荡的胃。

卤煮的主要原料是猪肠、猪肺和干豆腐，用大锅卤制，火烧也是用硬面烙制的。卤煮的美味依赖于一锅厚重的老汤。老汤的调制则是先往锅中加入一定比例的水、酱油、盐，待水烧开后，把丁香、肉桂、砂仁、甘草、豆蔻、陈皮等十余味药材碾成粉末，装入棉布袋，放进锅中同煮至调料香味逸出即可。在食材的选用上，除了猪五花肉外，还有猪肠、猪心、猪肚、猪肺等。食材处理上，除去异味是关键，首先要反复进行漂洗，然后下入清水锅中煮几分钟，放适量花椒，撇去血沫子，捞出，同五花肉、炸豆腐等一同放入老汤中煮，汤烧开后改小火煨上两三个小时，这时食材均已充分入味。最后在吃的时候，将烙好的芝麻火烧放入汤锅中稍煮，捞出切小块摆在碗底，然后根据客人喜好需要，捞出炸豆腐、猪肠、猪肺、猪肚等剁成小块儿，再舀一勺卤汤放入碗中，最后放入蒜泥、腐乳、芝麻酱、韭菜花和香菜。当然一般还备有辣椒油和陈醋供嗜辣和喜酸的人添加。

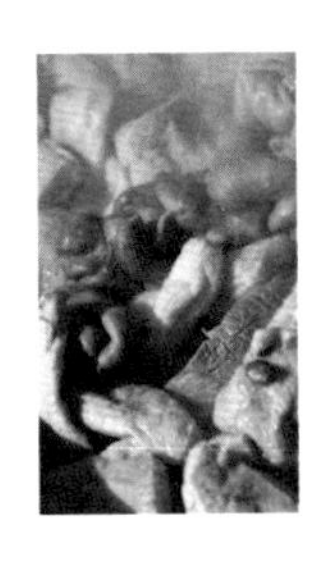

▲ 五花肉、大肠和下水，由着深谙生活之道的烹者，成一美味。

脆香的火烧、软烂的猪五花肉和下水、浓郁的热汤，冬天吃上一碗再好不过。

卤煮火烧，一道传统的地道小吃，喜欢的人心心念，吃出一分深情；而不习惯猪下水味道的人，则避之不及，无法体会其妙处。如此可以说，卤煮火烧是一道极有个性的美食。相衬之下，酱肘子更显家常一些。

酱肘子，以天福号最为著名。过去，北京人有个习俗就是在除夕夜吃天福号的酱肘子，预示着肥猪拱门、送福到家，图个吉利。天福号，至今已有二百多年的历史了。乾隆三年，从山东掖县到京谋生的刘凤翔一家，同一个山西人合伙开办了专卖煮熟肉的熟食铺。后来，据说自他们把从永定门小市上淘到的“天福号”旧牌匾悬挂在门额上后，生意越来越好，经营品种范围也逐渐扩大，有酱肘子、酱肉、酱肚、酱鸡等。

卤猪肘子

材料 / 猪肘子1个（约750克），西蓝花200克，大蒜6瓣，葱段30克，干辣椒5克，八角3粒，桂皮10克，草果2颗，水1300毫升，水淀粉适量，色拉油30毫升

腌料 / 大蒜3瓣，姜片10克，葱段15克，酱油20毫升，米酒15毫升

调料 / 冰糖15克，酱油200毫升，米酒150毫升

做法

1 / 将猪肘子洗净，加入所有腌料拌匀，腌渍约1个小时后，放入热油中炸至金黄上色，捞出沥油，备用。

2 / 另取锅，倒入色拉油烧热后，放入大蒜、葱段、八角和草果爆香。

3 / 再放入所有调料和水煮匀后，即成卤汁，熄火备用。

4 / 取电饭锅内锅，先放入炸过的猪肘子，再倒入煮匀的卤汁，同时放入干辣椒和桂皮。

5 / 然后将内锅放入电饭锅中，于外锅加入2杯水（分量外），盖上锅盖，按下蒸煮开关，煮至开关跳起后，续焖约10分钟，然后于外锅再加2杯水（分量外）续煮。

6 / 煮至开关再次跳起后，续闷约30分钟，即可取出盛盘；将西蓝花洗净、入沸水中氽烫至熟后，用筷子一朵朵捞起，并摆入盛有猪肘子的盘中做装饰。

7 / 将锅中的卤汁以水淀粉勾薄芡后，淋在卤熟的猪肘子上即可。

说起酱肘子的由来，倒有一番“无心插柳”的意味。天福号为了第二天一大早就能出售酱肘子，因此都在头天晚上制作。有一次，煮肉的师傅因犯困而将肘子煮过了火，捞起尝后却意外发现，肉经过长时期焖煮后变得更加软烂美味。

天福号酱肘子色泽新鲜、皮嫩肉酥、肥而不腻、味道醇厚悠长，无论是单吃，还是夹烧饼、卷烙饼，都能让你生出一份得意来。

天福号，何以有如此大的魅力？这答案就在它的门脸上挂着：“天下闻名因味美、福地生金在质精。”

为保持这美味的知名度，早年间，天福号做酱肘子，原料只认天然喂养长成的京东八县黑毛猪，且只用前肘子。而作料的选择也毫不含糊，花椒、大料、桂皮、生姜等讲新鲜、论产地，即使价格成本高也不改家儿。

除了严格的选料，其制作工艺也非常复杂。一只新鲜的肘子要经过水泡、去毛、剔骨、焯胚、码锅、酱制、出锅、掸汁等数道工序，花上6个多小时才会酱成有着“天福号”正宗风味的肘子。

此外，其制作酱肘子的工具尤为繁多，有单钩、双钩、铲子、笊篱、锅箅子、锅邦、锅盖、箩、托盘等，一个个工具摆出来，真让人眼花缭乱。

正是这份对味道的秉持与坚守，天福号才会拥有数量庞大的忠实粉丝，其中不乏名人之辈，比如慈禧、溥仪、梅兰芳、叶盛兰、袁世海等。

说罢酱肘子，再来说说北京人过年常吃的一道冷盘——酱牛肉。论起酱牛肉的功夫，排第一的自然是月盛斋。民国初年的《道咸以来朝野杂记》曾写道："正阳门内户部街路东月盛斋所制五香酱牛羊肉，为北平第一，外埠所销甚广。"

很多人为去除牛羊肉那怪怪的腥膻味，屡次尝试却不得章法，因而不能体会到肉本身的鲜味。而月盛斋的厨子们却颇有心得，他们烹制的牛羊肉吃起来味道醇厚、鲜嫩，不掺有一丝腥味儿。

月盛斋在做酱牛肉时，并不用酱油，而以北京六必居特产的黄酱卤制，所以有一股特殊的酱香味。酱牛肉既要求色泽的清淡，还要保证肉能够入味，这酱卤的功夫和火候就要十分讲究了。

要想保证牛肉清淡的颜色，首先，需要一锅清澈的卤汤。而要想使卤汤清澈，浓稠的黄酱自然不能直接拿来使用，要将其放上数小时沉淀后，取上层的清汤，同时卤汤所用的各种香料和中药材也要事先研磨成粉。其次，由于在制新汤时，都会添加一些老汤来正味，所以香料的投放应以老汤为前提且忠于老汤，多了，味会过浓；少了，味则不及。再者，关于牛肉的选择，无论是冷冻肉还是过水肉，都已经失去了牛肉本来的鲜味。所以，选生肉也是这道地京味儿的关键。需要注意的是，生肉一定要提前在清水里浸泡 4 ～ 5 小时，这样才能逼尽血水，保证牛肉的好味道。

月盛斋酱牛肉以一副清淡之姿，与传统的北方酱牛肉相当不同。这份清淡，更衬托了牛肉原本的香味儿，让食者流连忘返；这份清淡，也成了京味儿酱牛肉的经典范本。

红烧羊肉炉

北方人在冬季总要隔三岔五地吃顿羊肉。
就着几口烧酒，一碗热腾腾的烧羊肉卷入腹中，
便能抵御一场风雪的严寒。

材料 / 羊腩肉 600 克，白萝卜 1/2 根，胡萝卜 1/2 根，葱 20 克，老姜 75 克，辣椒 3 个，大蒜 8 瓣，甘蔗头 120 克，香菜少许，水 600 毫升，色拉油 70 毫升

调料 / 红烧羊肉炉卤包 1 包，胡麻油 15 毫升，酱油 15 毫升，米酒 15 毫升，黄豆酱 5 毫升，黑豆酱 5 毫升，冰糖 15 克

做法

1 / 白萝卜及胡萝卜洗净、去皮、切小块；葱洗净切 10 厘米长的小段；老姜洗净切片；辣椒洗净切片，备用。

2 / 将羊腩肉洗净沥干，剁成小块，备用。

3 / 取一锅，放入 60 毫升色拉油，将油温烧热至约 120℃时，加入羊腩肉块炸约 2 分钟，捞起沥干油，备用。

4 / 另起一锅，锅烧热后，倒入 10 毫升色拉油，加入大蒜及葱段、姜片、辣椒片爆香，再加入红烧羊肉炉卤包及剩余调料略微翻炒，再依序加入炸好的羊腩肉块、胡萝卜块、白萝卜块，翻炒 1 分钟后，加入适量水及甘蔗头，盖上锅盖，开小火焖煮约 1.5 小时至羊腩肉块肉质变软，最后撒上香菜即可。

▲
一盘五香酱牛肉，另有一壶黄酒小酌，悠哉妙哉。

月盛斋，除了善烹酱牛肉外，烧羊肉也颇具特色。当然，除了月盛斋，白魁老号在烧羊肉上也非常考究、知名。

烧羊肉在过去是一种很普遍的吃食，当时每一家宰羊卖肉的羊肉铺都能制作，每年立夏时上市，到秋分才结束。有句歌谣曾唱道："水牛儿水牛儿，先出犄角再出头，你爹你妈给你买了烧羊肉。"说的就是过去烧羊肉颇为风靡的情形。

烧，在清代食谱中有炸的意思。所以，烧羊肉，要先将上好的羊肉用老汤煨炖，再入油锅煎炸。

如何烧制一份地道正宗的烧羊肉？

白魁老号的厨子们是这样做的。首先，用葱姜、糖、酱等作料加水煮肉，水沸立停，把肉收紧；接着，再把"紧"好的肉重新煮制，直到熟；然后加入头年的老汤，用小火把肉煨透捞出；最后，把卤好的羊肉过羊油炸透。

如此烧制的羊肉，红白相间，外脆里嫩，既好看又好吃。不过，烧羊肉虽好吃，能烹出地道京味儿的饭馆则越来越少了。

济南瓦罐儿烹至味

承土陶敦厚之性，
以水为介，久煨五味三材成至味。

说起鲁菜的起源，那自然是相当久远的事儿了。《尚书·禹贡》中载有“青州贡盐”，表明山东用盐调味的历史至晚始于夏朝。周朝的《诗经》中已有食用黄河的鲂鱼和鲤鱼的记载。至春秋战国时期，鲁菜已初现端倪；到了秦汉，鲁菜形成了比较完整的体系；宋朝时，鲁菜已开始成为“北食”的代表。

论究一方菜系的形成原因，可用“物华天宝，人杰地灵”来比喻概括，即一地与一人共同作用而成。鲁菜为何能够如此早地独成一派？

从地理上来讲，《史记·货殖列传》中曾写道，“齐带山海，膏壤千里”。山东，位于黄河中下游，气候温和，依山傍水，河湖交错，沃野千里，物产资源尤为丰富，使鲁菜的形成有了比较优渥的物质资本。

从文化上讲，春秋战国时期的孔子和孟子对于饮食，认识深刻，提出了许多精彩的观点，比如“食不厌精，脍不厌细”，为鲁菜的发展奠定了深厚的文化基础。在后来的漫长岁月中，又先后涌现出吴苞、崔浩、段文昌、段成式、公都或等一批著名的烹饪高手或美食家，对鲁菜的发展都做出了重要的贡献。

▲
隔着厚厚的瓦罐，火的炙热温柔了不少，鱼的鲜味也保存了下来。

济南抵南北要冲，商业发达，历史悠久，素来讲究饮食。济南菜，古称历下菜，发于鲁西，以济南为主要载体，是鲁菜的重要分支之一，既吸收了湖菜之所长，又受孔子“食不厌精”的影响，味以清、鲜、脆、嫩见长。烹饪以汤法著称，而汤又有“清汤”“奶汤”之分，清汤，色清而鲜；奶汤，色白而醇，各具风味。

推究济南菜的用汤历史，可追溯到一千四百余年前，《齐民要术》中载有“捶牛羊骨令碎，熟煮，取汁；掠去浮沫，停之使清”的制汤法；后王士祯则记述了“提清汁法”，是用虾肉泥入汤来提清制汤。

要说济南菜的“鲜”，先端上一份瓦罐鲜鱼汤再妙不过了。济南人常说吃瓦罐，要去老河道。老河道以“瓦罐”为主打菜式，有各种瓦罐菜肴，比如瓦罐鱼汤、瓦罐鸡、瓦罐老鸭汤、瓦罐排骨等。

单论味道，瓦罐鱼汤要高上一筹。就个人的美食经验而言，瓦罐应该是最能烹出鱼之鲜味的炊具。相较于其他肉类，鱼肉的质地较为透而薄，它的鲜味儿要细细、慢慢烹煮，才会出得彻底；若是火稍微猛一些，味道就会大打折扣。而瓦罐质地为陶土，相对较厚，导热性较差，用来烹煮鲜鱼是再合适不过了。

一份瓦罐鱼汤，和那些珍馐名馔相比，似乎并无多少特色。不过，一端上桌，那奶白浓郁的汤，那夹杂着淡淡中药味儿的独特香气，须臾间就激活了食客们本已困倦的美食神经，让人有跃跃欲试的冲动。

所谓慢火出慢肴，慢肴要慢食。关于煨汤的真谛，《吕氏春秋・本味篇》中载有："凡味之本，水最为始。五味三材，九沸九变，火为之纪。"要想体会鱼汤的至味，首先要整理整理急切的情绪。鱼的鲜，来得相对较淡，又藏得较深，要想好好体会，无他，就需要有拨云见日的耐心和淡定。

据说，一份瓦罐鱼汤中有 30 多种药材的参与，领悟其中玄机，自然是急不得的。

说罢了瓦罐菜的鲜与淡，再来讲几道重口味的瓦罐菜。首先是把子肉。若论起来，把子肉其实是一道颇具江湖气概的菜肴。当年处于乱世的刘备、关羽以及张飞三人，彼此惺惺相惜，决定义结金兰，即拜把子。把子拜完，恰逢饭点儿，三人也饿了，于是屠夫张飞便将猪肉、萱花（黄花菜）和豆腐一起丢进锅里煮了，便成了把子肉的雏形。

后来，隋朝的一位山东名厨将此法加以完善，将带皮猪肉放入坛子中炖，并以秘制酱油调味，炖好的肉吃起来，肥不腻、瘦不柴，香味浓郁，非常受人欢迎。

如今的济南人依然沿用此法来制作把子肉。首先，挑选一块有肥有瘦的白条猪肉，切成长条状，用蒲草或者麻绳捆成一把，入沸水汆两次以去除血腥，然后放入加水的高筒瓦罐或者坛子中，不放盐，全靠酱油、八角调味，大火烧开后，转小火煨炖。

如此炖好的把子肉，口感糯烂、不腻不柴、香味醇厚，而且其味并不咸。若趁热连肉带汁浇在白米饭上，更有几多风味。

在徐州，人们也有吃把子肉的习惯。不过，徐州把子肉的配菜多样，有荤有素，而且在烹制过程中加入了饴糖，味道偏甜，与济南把子肉相比，无论外形还是味道，均有相当的差异。

说罢了不掺糖的把子肉，再来说说掺糖的坛子肉。济南坛子肉，因肉用瓷坛子煨炖制成而得名。其始于清代，据传是由凤集楼所创制的。当时该店厨子将猪肋条肉加调味品和香米，放入黑瓷釉的小口坛子中，并用木炭微火煨炖而成。

而地道的坛子肉究竟如何制得的？其方法具体如下：

首先，将猪硬肋肉切成核桃般大小的块，入沸水稍焯，捞出后用清水洗净。原汤则需撇去浮沫，留作备用；接着，将葱切段儿，姜切大片，用麻绳捆好，同肉块一并放入坛子中；然后放入上好的深色酱油、冰糖、肉桂，倒入汤，刚漫过肉块即可，取一盘子把坛口盖严。中火烧开后，转小火煨炖约三个小时，当坛子里发出轻轻的噗噜声时，即可启坛。挑出姜、葱等调料后，再将肉块盛盘。

除了济南坛子肉，在四川汉源和湖南桂阳都有坛子肉，从烹饪技艺上看，前者与济南坛子肉类似，都采用焖炖的方法；后者则用花椒、辣椒和盐等研制而成。从口味上看，后两者相近，与济南坛子肉则有相当的差异。

在济南，有一道菜的做法和坛子肉非常相似，叫作罐儿蹄。其稍有不同的地方在于，做罐儿蹄时，要加上几粒八角。煨好的罐儿蹄色泽红润，吃起来软烂可口，放凉后食用风味更佳，非常适合当作下酒菜。

卤猪蹄

材料 / 猪蹄 1 只，黑豆干 2 块，葱花 5 克，蒜泥 2 克

调料 / 红卤汁 45 毫升，香油 5 毫升，胡椒粉 5 克

做法

1 / 猪蹄剁小块，用开水汆烫约 3 分钟后，洗净沥干，备用。

2 / 黑豆干汆烫沥干，备用。

3 / 红卤汁烧开，将猪蹄块放入煮开后，转小火保持沸腾状态，盖上锅盖，约 50 分钟后，放入黑豆干，关火闷 30 分钟后捞出。

4 / 黑豆干放凉，切四方丁。

5 / 最后在卤好的猪蹄块、豆干丁中加入其余调料、葱花、蒜泥拌匀，盛盘即可。

焢肉

材料 / 猪五花肉 600 克，水 800 毫升，姜片 10 克，大蒜 5 瓣，葱段 15 克，八角 2 粒，桂皮 5 克，辣椒 15 克，竹笋丝 200 克，高汤 500 毫升，色拉油适量

腌料 / 酱油 15 毫升

调料 / 盐 3 克，鸡精少许，冰糖 18 克，酱油 100 毫升，米酒 30 毫升

做法

1 / 猪五花肉洗净、切厚片，加入腌料拌匀、腌渍约 5 分钟，备用。

2 / 竹笋丝洗净，泡水约 2 个小时，备用。

3 / 取出泡软的竹笋丝，放入沸水中汆烫 10 分钟后，捞出沥干，备用。

4 / 取锅，放入沥干后的竹笋丝、高汤及盐、鸡精、3 克冰糖煮沸，转小火煮约 25 分钟后，盛盘备用。

5 / 热炒锅，倒入色拉油，放入葱段、姜片及大蒜爆香。

6 / 放入腌好的猪五花肉片炒至上色。

7 / 加入桂皮、八角翻炒均匀。

8 / 将酱油、15 克冰糖、米酒混匀倒入锅中，加入 800 毫升水一同煮沸，转小火煮约 1.5 个小时后盛盘，搭配煮熟的竹笋丝、卤蛋（材料外）和西蓝花（材料外）即可。

十足开封“中”味

四方人带着四方味，
人已去，而味道在汴京已融合流传。

美食家、作家姚雪垠曾写过：“河南菜就是开封菜，开封菜就是河南菜。”开封饮食文化起源于夏商，鼎盛于北宋，经元、明、清、民国直到如今，具有独特“汴梁风味”的肴馔吸引了一批又一批的食客。

五味调和、口味适中是开封饮食独有的特点。其风格形成的历史渊源可追溯到3000多年前的烹饪圣祖——商朝开国相伊尹（祖籍开封杞县），他能于政治、精于烹饪，负鼎俎调五味，说服商汤王灭夏建国。关于伊尹的“五味调和说”，《吕氏春秋·本味篇》曾载：“调和之事，必以甘、酸、苦、辛、咸。先后多少，其齐甚微……”其意象为：甘而不浓、酸而不酷、咸而不减、辛而不烈。伊尹的“五味调和说”和“火候论”为开封菜埋下了最重要的伏笔。

另外，我们常说“美食地理”，汴梁风味的形成与其所处的地理位置不无关系。《尚书·禹贡》中记载，“青、兖、徐、扬、冀、豫、荆、雍、梁”九州，河南省位于九州之中，又称中州，因地处平原，又称中原。所谓“得中原者得天下”，自古以来，中原就是中华民族的政治、经济、文化中心。而开封又居于中原腹地，有“汴梁”“东京”的古称，是中国八大古都之一，在与四方饮食文化的交流中不断地吸收和融合，从而集南淡、北咸、东辣、西酸之众长，形成了五味调和的特点。

因此，开封菜适应能力特别强，来自四面八方的人总能品尝美食中咂摸到一丝乡味，从而更好地体会汴梁风美食的独特魅力。

作为一位初到开封的游客，热情的司机大哥都会推荐马豫兴桶子鸡。马豫兴是开封有名的传统肉食品老店，由马永岭在清同治三年（1864 年）创立，桶子鸡是店里的招牌菜，是开封食肆中别具风格的一款鸡肴。

马豫兴桶子鸡选用当地优质的母鸡，采用百年老汤煨制而成。其体形浑圆，色泽金黄、透亮，食之嫩中有韧、肥中有清，似乎还有些许淡淡的荷香滞留舌尖。

而做出一只地道正宗的桶子鸡，首先得从其名字“桶子”说起。所谓“桶子”，就是要形成一个相对密闭的空间，因此在操作时不能将鸡开通剖腹，只是在鸡翅根处开一小口取内脏，鸡肠则是从肛门处拉扯出来。这样烹制时，鸡腹内的油汁就不会外流而浸入鸡肉内，才能保证鸡肉肥嫩、味道鲜香。

既然形成了桶子，那么配料的填入工作也颇有说头儿。首先从鸡翅根的开口处放入盐、花椒，摇晃数次使其均匀，再塞进一张嫩荷叶，之后以秸秆一头顶荷叶，另一头顶脊背处，把鸡肚子撑圆，桶子鸡的生坯也就形成了。

最后说说这主味儿的卤水，其制作并不麻烦。首先上锅加水，放入焯过水的鸡骨、葱姜和香料包，大火烧沸后撇去浮沫，改中火煮约 1 小时，拣去鸡骨和葱姜，放入盐、料酒、冰糖稍煮即成。为保证卤鸡的金亮色泽，因此制作卤水时，并不添加酱油、八角、桂皮等。

吃罢桶子鸡出来，再稍走一段儿路，就能觅到另一道特色：五香兔肉。这五香兔肉的出现，据说与北宋时期南迁的北方满人有关。在开封定居后，他们仍以打猎为生。为了置备冬天的食物，他们便将捕猎的野兔剥皮洗净，挂在树上晒干保存。到了风雪天不能再打猎了，他们便将风干的兔肉以温水浸泡，后放入锅中，并加入八角、花椒、葱姜、酱油等配料煮熟，至捞出食用时意外发现，野兔那难除的腥味儿消失了，而且肉吃起来也变得更为筋道，更加美味。后来人们就跟风起来，制作五香兔肉前就都先将其风干。在民间，人们不断地摸索创新，调味不断增加；流传到皇宫后，御厨们创造性地在卤汁中又加入了 20 余味对人体有滋补作用的中草药，如此卤制的兔肉香味悠长，吃起来非常可口，且回味无穷。宋仁宗品尝后，赞不绝口，又经一段食用后，他的胃病也渐渐得到治愈，于是便对开封五香风干兔肉予以加封，使风格独特的风干兔肉更为风靡，成为汴梁一绝。

五香兔肉，最初就是以一道野味儿流传下来的，若论味道，当然是野兔更佳，不过以杂粮喂养的家兔也可以替代。食材上，要选用 1.5 千克以上的兔，否则太瘦，吃起来会太柴。制作时，先将兔剖腹开膛，剥去内脏，风干七天后，放入温水浸泡，捞出剁成块，入开水焯烫后洗净，按顺序分层次摆放在锅内，中间留出一个圆洞，再把八角、花椒、小茴香、砂仁、豆蔻、丁香、冰糖、红酱油、白糖、苹果等放入圆洞中兑入老汤，用大火煮上一个小时，后改小火再煮上一个小时，放凉后捞出即成。

五香兔肉色泽红亮、香味悠长，吃起来肉质软中有韧，无草腥味，且有绵长余味可供回味。它的诞生，仿佛就是一份来自北方的异乡人在“急中生智”下为第二故乡献上的贡礼。而鲜美、多式样的鱼肴则是黄河对开封的慷慨馈赠。

开封地处黄河之滨。黄河里有鱼，鲜醴且肥美，养刁了开封人的嘴。当然，开封人也有着一手烹饪鱼肴的好功夫。美食家、作家梁实秋在《雅舍谈吃》中写道：“豫菜以开封为中心……到豫菜馆吃饭，柜上先敬上一碗开口汤，汤清而味美。点菜则少不得黄河鲤。”

除了开封黄河鲤鱼，还有一道非常具有汴梁风格的鱼肴，就是黄焖鱼。黄焖鱼，最初叫“皇闷鱼”，有解开皇帝烦闷之意。想要做上一道地道好吃的黄焖鱼，无论是食材的选择、配料的搭配，以及制作的工序等都不能马虎。

首先，在食材的选择上，以黄河的野生小杂鱼为佳，普通的小鲫鱼味道稍差一些。其次，在处理鱼肉时，既要收拾干净，还要保持小鱼的完整。烹制时，需先经腌渍、炸、焖直至出锅，过程中，无论火候、温度，还是食材放入的先后顺序、烹饪时间都要精准，否则就会破坏鱼肉的鲜味儿。

关于黄焖鱼的做法，首先将小鲫鱼去鱼鳞、鱼鳃、内脏，洗净，用葱、姜、盐、料酒腌渍半个小时备用。然后打蛋液，加淀粉、面粉和成糊，将小鲫鱼挂糊。接着将油锅烧至六成热时，逐个儿下入小鲫鱼，炸至金黄色后捞出。另取炒锅烧热、下入葱、姜、蒜煸炒，加高汤、八角、桂皮、香叶、小茴香、姜、白芷、胡椒粉、盐、料酒、酱油，再下入炸好的小鱼，大火烧沸后转小火焖 40 分钟，加鸡精调味后，盛入碗中，撒上香菜即可。

地道的黄焖鱼，色金黄、汤鲜肉嫩、无刺、不腥，吃后颊齿仍挂有余香，令人沉醉其中。

最后，再来说说一碗开封面。开封人爱吃面条，当然也善于做面条，不论宽面、细面、圆面、扁面、干面、汤面，似乎只要你想吃，他们都能做得出来。

择其中之一，说说烩面。很多人都会想到郑州烩面，其实河南烩面不止它一个风味，还有开封尉氏烩面。尉氏烩面是以独家祖传秘方调制的香料配上滚烫的羊骨，并加入枸杞子、沙参等制成，其汤色泽奶白，味道颇为鲜美，曾有人夸张地说道，远在一里地外都可以闻到。

和郑州烩面不同，尉氏烩面不放海带丝，不放千张丝，不放粉条，不放青菜，不放黄花菜，也不放鹌鹑蛋，仅仅放入羊肉丁、葱花、香菜、芝麻酱，同时配有用牛羊油泼的油辣椒和陈醋，可凭个人口味随意添加。吃上一碗地道的尉氏烩面，即使是在冬天，也能让你吃得汗滴如豆、酣畅淋漓、回味绵长。筋道的宽面、浓郁鲜美的羊肉汤、喷香的芝麻酱，如此的搭配组合，真能让你吃醉了。另外，你还可以在周边的烧饼摊买上一张烧饼，或就着面，或泡入汤中，无论怎么吃，都别有一番风味。

家常卤羊肉

材料 / 羊肉块 600 克，姜片 20 克，水 800 毫升，草果 2 颗，桂皮 10 克，陈皮 15 克，色拉油 30 毫升

调料 / 米酒 100 毫升，酱油 45 毫升，辣豆瓣酱 15 克，盐 1 克，白糖 5 克

做法

1 / 羊肉块洗净，放入沸水中汆烫去血水后，捞出沥干，备用。

2 / 热锅，倒入色拉油，放入姜片爆香，再放入汆烫后的羊肉块翻炒 2 分钟，接着放入辣豆瓣酱炒香后，放入米酒及酱油拌匀。

3 / 然后放入草果、桂皮、陈皮及水煮沸后，转小火卤约 1 个小时，最后加入盐、白糖续煮至入味即可。

家常卤鸡腿

材料 / 鸡腿 6 只，卤汁 600 毫升

调料 / 红卤汁 45 毫升，香油 5 克，胡椒粉 5 克

做法

1 / 鸡腿洗净，放入沸水中烫至表面变白后，取出冲水，并用手略搓洗干净，备用。

2 / 取砂锅，放入冲净的鸡腿和卤汁，煮至沸腾后，加入调料，转小火续煮至鸡肉软烂入味即可。

卤汁

材料 / 葱 20 克，姜片 3 片，大蒜 5 瓣，红辣椒 1 个，水 500 毫升，色拉油 30 毫升，万用卤包 1 包

调料 / 酱油 100 毫升，冰糖 30 克，米酒 30 毫升

做法

1 / 葱洗净、切段；大蒜洗净、拍破后去膜；红辣椒洗净、去蒂头、纵切成条状，备用。

2 / 热锅，倒入油，放入葱段、姜片、大蒜、红辣椒条爆炒至微焦香后，放入万用卤包及所有调料炒香。

3 / 然后全部移入深锅中，加入水煮至沸腾即可。

质朴味正的武冈菜

武冈有民谣：
风吹雨打聚不散，农家遍地是铜鹅。

湖南武冈，古称都梁，自西汉建都梁侯国将其设为王城以来，距今已有 2200 多年的历史，其文化底蕴深厚，美食文化源远流长。

武冈小吃价廉物美，花色多，品种细。作家鲁之洛曾以“质朴、味正”四字概括。

为介绍武冈小吃，曾有人编过这样的顺口溜：四牌路的卤味，太平门的洗沙包（即豆沙），南门口的米粉，火神庙的蛋糕，水南桥的米豆腐，旱西门的蕨粑粑，老南门的烤红薯，骧龙桥的油炸粑，玉壶春的牛肉面，高庙下的发糕（即米糕）。

在众多的武冈小吃中，最为人称道的还是卤菜。关于武冈卤菜的起源，当地则流传着这么一个传说：当年秦始皇一心想要长生不老，便派遣卢生、侯生二人去东海求不老丹药。卢、侯二人自知世上并没有此种药，便逃到武冈云山。此后他们深居简出，就地取材，将宫廷烹饪同炼制丹药的技艺相结合，制得豆腐和相关食品，这便是武冈最早的卤菜。之后由于口味独特，卤菜和其制法逐渐传入民间。

武冈人爱吃卤菜，一日三餐里若吃不上一顿卤菜，似乎这一天过得就不完整。走在武冈老城，逛街的男女手里或拿着几串卤豆腐，或啃着一只卤鹅掌、卤鹅翅，边走边吃，轻松惬意，颇有乐趣；或者三五个人守在一个卤肉小摊上，随便点上几个卤菜，如卤猪耳朵、猪尾巴、卤猪肠、卤蛋，切开后混拼在一起装盘，然后淋上一小勺卤汤，再撒上一些作料即可。上桌时再搭上一壶米酒，吃一口卤菜，喝一口酒，扯上几句荒诞，如此般尽兴，便是快意人生。

武冈人善制卤菜，无论是大的饭馆、小的作坊，还是一般老百姓，都能做出一手好卤味。在武冈人手中，鸡、鸭、鹅、牛、蛋、豆腐皆是做卤味的好食材。其中名气最大的当属卤铜鹅和卤豆腐。不过，无论是卤鸡爪，或是卤鸭翅，还是卤鹅掌，随便来点儿，配上一大壶米酒，都能让你吃出醉态。

卤水是卤菜的魂。武冈卤菜的卤水属于药卤。而这药卤的秘方相传出自唐中叶的一位名医。这位名医的父亲嗜吃卤菜，为了让父亲吃上既美味又保健的卤菜，他便巧妙地在卤水中添加了几种可增色添香的中药材，如今调配卤菜卤水的中药材已有大小茴香、桂皮、花椒等 20 多种。

武冈卤菜卤得扎实，为追求纯正的味道，不同于其他一次做成的卤菜，武冈卤菜则是使用卤水反复浸卤，多次卤制脱水后，食材的重量已经减少了 50% ~ 70%，只剩下精华了。

说武冈菜，第一个要说的，当然是令武冈人骄傲的卤铜鹅。

在武冈，有民歌这样唱道："天上飘落云千朵，麻麻白白挤满河，风吹雨打聚不散，农家遍地是铜鹅。"武冈素有"铜鹅之乡"的美称。其地理位置优越，龙溪江、滔江等资江支流横贯其间，水系发达，湖面广阔，水草丰富，具有养鹅的良好条件。

铜鹅因其喙、趾、蹼及皮肤均为黄色，且叫声洪亮如铜锣而得名。铜鹅主要以野菜和粮食为食，其皮薄，肉紧实细嫩，皮下脂肪相对较少，肌肉暗红如牛肉，且远比牛肉细嫩和松软。在明代，铜鹅就被当地人视为珍宝，作为必备珍馐上贡到朝廷，所谓"昔日皇廷贡品，今朝传世名鹅"。

武冈"铜鹅宴"有着源远流长的历史传统。在武冈，有专门的"铜鹅餐馆"，除了卤铜鹅、卤鹅翼、卤鹅掌等卤味外，还有板鹅、红烧鹅、清炖鹅、米粉鹅、清炖鹅肉、小炒鹅杂、蒸烹心肝、煎炸脖颈、烧烤鹅蹼、酒喷鹅头等十多种传统名菜，菜品五花八门，令人眼花缭乱，却不离鹅身之宗，每一样都令品尝者拍手叫绝。

吃罢卤铜鹅，再来说说久负盛名的武冈豆腐。关于武冈豆腐的制作过程，有这么一句顺口溜："云山水，胖黄豆，咕噜噜，细细磨，多磨出凝脂，多磨出绝味。"

制作一块武冈豆腐，需费上一番大功夫。绝味的豆腐需要好底子，优质饱满的大豆自然少不得，清冽的云山泉水将豆子浸泡得更加清淡。而百转千回的碾磨磨出了原汁原味、滴滴醇香的豆浆。烘制时，火候的把握也要精准。最后，便是点豆腐。武冈人点豆腐，不使用卤水，不添加石膏，而是用酸水使其凝固，将其

▲
清清白白的豆腐，以五味卤之，换了模样，味道便多有期待。

唤醒，如此制得的豆腐更加香软，更为营养。

豆腐做好后需要晾干，再由调制好的卤水反复浸卤卤制，把原本暗淡的豆干卤得红亮，给寡味的豆腐干赋予了更丰富的味道。

卤制好的豆腐干有多种吃法，可凉拌，配上以朝天椒、姜末、花生油制成的辣椒油，便成了一盘备受称道的香拌卤豆干；也可以清蒸或者和腊肉同蒸；也可以当作配菜用于烹炒或者入涮锅；当然还可以单独切成小片，稍加作料清炒即可。

到了武冈，除了卤水鹅和五香豆干外，一定要再点上一条卤猪尾和一只卤猪耳朵，咀嚼起来，脆响中味道也四散开来，和鹅肉和豆干是完全不同的口感，对比中更有风趣。

综合卤味拼盘

所谓“拼”，自然是要拼得丰富。
荤的、素的，软的、脆的，烂的，弹的……
几重口感，几重味道？

材料 / 牛肚 1 具，猪大肠 1 条，牛腱子 1 块，猪皮 2 块，鸡心 150 克，猪舌 1 个，猪腱子 1 块，猪五花肉 200 克，鸡翅 3 只，鸡爪 5 只，海带 5 条，豆干丁 100 克，黑豆干 3 块，油豆腐 5 块，花干 2 块，百叶豆腐 1 块，素鸡 3 块，辣椒丝、香菜各适量

调料 / 红卤汁 1 大锅、香油少许

做法

1 / 将牛肚、猪大肠、牛腱子、猪皮、猪舌均处理干净。
2 / 海带、豆干丁和黑豆干放入沸水中汆烫 1 分钟后，捞起沥干，备用。
3 / 将红卤汁煮沸后，放入牛肚、大肠、牛腱子、猪腱子、猪五花肉，以小火卤 20 分钟。
4 / 接着放入猪舌、猪皮、鸡翅，以小火卤 15 分钟。
5 / 再放入鸡心、鸡爪、海带、豆干丁、黑豆干、油豆腐、花干、百叶豆腐和素鸡，一同煮沸后，熄火泡 20 分钟即可。
6 / 将上述卤好的食材捞出、放凉，切片盛盘后，加上辣椒丝和香菜，再淋上香油即可。

卤五香豆干

就着火，豆干由着一碗卤汁煨着，
味道多了一份丰腴，又保有原本的清素，
作为食者，自然是欢喜不已。

材料 / 五香豆干 5 块，姜 15 克

调料 / 素香卤汁 2000 毫升，糖、香油适量

做法

1 / 五香豆干洗净、沥干水，备用。

2 / 素香卤汁烧开时，放入五香豆干，改小火，让卤汁保持在略微沸腾的状态，卤约 10 分钟后熄火，浸泡约 50 分钟；取出沥干水，刷上香油即可。

3 / 姜拍松，与香干一起放入汤锅中，倒入 1500 毫升水烧开，再加入酱油。

4 / 待再次沸腾后，加入糖、卤包，改小火煮约 20 分钟，至香味散发出来，摆上红辣椒丝（材料外）、生菜（材料外）即可。

五香豆干属于豆类食品，易熟，不宜煮太久，否则会太过熟烂，影响口感与美观。五香豆干含有丰富的蛋白质和人体必需的多种氨基酸，营养价值高。

苏州卤味吃得讲究

四季有晦明变化，
苏州人的饮食亦有四时之讲究。

有歌谣传唱：“姑苏小吃名堂多，味道香甜软酥糯。生煎馒头蟹壳黄，老虎脚爪绞连棒……”对于食客们来说，苏州自然是个好去处。

苏州菜口味偏于甜和鲜，无论宴客大菜，还是佐餐小食，样样讲究配色和谐、刀工细致、颇见山水。另外，讲究的苏州人还会根据四季的变化而推出相应风格的时令菜，冬季色浓而不腻，酥烂脱骨而不失其形；夏季色清而不淡，滑嫩爽脆而不失其味。领略和体会苏州菜的别致特色，可从一碗略显平淡的汤面开始。

提到面条，很多人会说那是北方人的专利。毕竟北方人每天都在与面条打交道，对这一汤一面的认识颇为深刻。不过，苏州人对于烹制面条也有一手功夫，对这一汤一面也是相当的游刃有余。所以，具有苏州风味的焖肉面、爆鱼面、蹄面、冻鸡面、卤鸭面等，无不令吃过的人在心底常留一份念想。

苏州人烹制面条，其一，自然是讲究汤水，汤水是面条的魂。一般多选用鸡肉、猪肉、肉骨头、鳝骨做原料，加水煮透。有了好汤水，还要有细面，这样汤才能更容易地渗入面中，味道就能吃出来；其二，讲究变化，一碗面可做成软面、硬面，而面汤又分宽汤和紧汤，口味上有增咸、减咸之别，还有重青、免青和免红的选择。

到昆山，游玉峰山，吃奥灶面，这是身为吃货的游客们必做的功课。

奥灶面风味多样，其中以红油爆鱼面和白汤卤鸭面最为著名。红油爆鱼面选用肥嫩、鲜活的青鱼来提汤。做浇头时，先将鱼肉切成片状，厚薄要均匀，以葱姜、曲酒腌渍，后倒入热油锅中煎至嫩黄，再加入葱、姜、冰糖和黄酒烩煮至棕红色即可。而汤料则是用活青鱼身上的黏液、血、鳞和鳃加水投锅，煎煮而成。

爆鱼面汤色酱红，而卤鸭面则是白汤白面，原色原味，食材选用昆山大麻鸭，以老汤烹煮，肥而不腻，非常入味。面条则是以精白面制成的龙须面，下锅时要紧下快捞，这样面条吃起来会软硬适中，相当筋道。

除了奥灶面，有另一种苏州风味的则是枫镇大面。就这一碗小镇大面，曾被冠以苏州“最难做、最精细、最鲜美”的名号。枫镇大面，由于并不用酱油调味，汤汁澄清，故又称白汤大面。

这白汤面的浇头是用优质的五花肉为食材，加入盐、料酒和花椒、茴香等香料小火焖煮 4 个半小时而制成。白汤则取肉骨、黄鳝、虾脑、螺蛳肉等鲜物吊成。另外，为去腻提鲜，白汤大面还会加入少量煮好的酒酿。

一碗细细的白汤面条，汤中有白白的酒酿米粒，还有些许青青的葱花点缀，当然还有那入口即化的一大片焖肉，如此清白的搭配组合，令人赏心悦目；而吃起来，无论是那鲜美的奶白汤，还是那细白的面条，都能让你吃出一种醺态来。

枫镇里筑有枫桥，正是那位惆怅的落榜诗人张继夜泊的枫桥。如果这白汤大面能够早几百年出现，而当时的张继恰好又吃上了一碗，也许能聊以慰藉吧。不过若真是如此，不知道我们还能不能读到“姑苏城外寒山寺，夜半钟声到客船”的精彩诗句了。

苏州人吃得讲究，也吃得精彩。除了讲究的面条，为解开肉食者的馋瘾，再说说讲究的卤肉。

苏州人依四时不同而推出相应风格的菜肴，对猪肉的烹制也不例外。老苏州戏称，一年四季，要吃好四块肉。春季吃酱汁樱桃肉，夏季吃荷叶粉蒸肉，秋季吃扣肉，冬季吃酱方肉。

这里只说酱汁肉和酱方肉。做好的酱汁肉，以连骨带皮、肥瘦相间、五花三层的猪肋条为佳。肉切成小块，加红曲、八角、桂皮、葱、姜、白糖和黄酒等调料小火焖制而成。其中，红曲是重头戏，它要入味于肉，还要为肉绛色，让方正的肉块染上樱桃般的红色，透着软玉般颤巍巍的光芒。

▼
红曲染红了猪肉，也染红了食者的嘴巴和胃口。

而酱方的制作材料和酱汁肉的基本一致，不过，在绛色上选用酱油而不是红曲。制作酱方，首先要将五花肉刮洗干净，修成正方形。为方便腌渍入味，用刀尖或者竹签在精肉一面戳些小孔，用盐和花椒擦透入钵腌上一日；然后将腌好的方块肉去除花椒，放入锅中汆水，捞出洗净后将肉皮朝下放入垫有竹箅的砂锅内，倒入老汤，加入酱油、绍酒、少量冰糖屑、葱、姜，用盆将肉压紧，加盖用大火烧沸后，改用小火焖至酥烂；最后将肉取出，皮朝下扣入碗内，再放少许冰糖屑，食时先上笼略蒸，取出扣入盘中，再把原汁倒入锅中烧沸勾芡，淋浇盘内，另将绿叶菜加盐炒熟饰盘边即成。

除了四季猪肉，在夏天，苏州人有吃糟菜的习惯，糟鹅就是其中的代表菜之一。

要想制得一只吃口好的糟鹅，无论是原料、作料，还是火候的掌握都有讲究。其具体方法是：首先，将鹅宰杀处理干净，摘去内脏，趁着鹅肉微热时均匀地抹上一层盐和花椒等作料，静置 3 个小时左右，入味后过沸水汆烫，捞出冲洗干净，控水后再次入锅，加葱姜、小茴香等，煮上 1 个小时后，捞出放凉备用。然后制糟卤，这是极其关键的一步。取适量糟泥放入容器中，加水化开。然后装入细纱布袋中过滤，便可得到纯净的糟卤，其香气尤为浓郁。最后，在糟卤中加入相应比例的水和绍酒，将鹅肉切块后，放入其中，卤汁以没过鹅肉为宜，浸泡时间稍久一些，待糟香彻底渗入鹅肉中，即可食用。

苏州是一座画中城市，怡人的美景，似乎坐下来飨食一番都有点浪费。所以，若是在赏美景之余，手边再有一些即食小吃，也是挺妙的。

游苏州，有一处必去之地，那就是平江路。都说平江路完整地承载了“小桥流水人家”的江南韵味，保留了苏州的个性和特色。所以，想要感受苏州人生活的恬淡和闲适，平江路自然是要逛上一逛。

平江路，是文艺青年的留恋处，也是吃货们的温柔乡。如今，平江路俨然已成一条美食街，那里有非常多美味而有趣的小吃食。而在众多的小吃中，鸡爪又自生出一派天地。这里的鸡爪店众多，各具特色，风味各异，比如犄角旮旯、老虎脚爪、皇城秘制鸡爪等，味道上，有五香、有麻辣、有甜腻，口感有软烂，有爽脆，对于好食鸡爪的吃货，真可以挑战一下，从街头吃到街尾，舌尖上各种味道的停留和轮转，多少享受，多少刺激，只有吃过才知道。

▼
苏州平江路的卤鸡爪。

红曲卤肉

材料 / 猪腿肉 600 克，大蒜 30 克，色拉油适量，水 1500 毫升

调料 / 红曲 25 克，冰糖 30 克，绍兴酒 30 毫升

卤包 / 广皮、沙姜各 5 克，当归 2 片，八角 2 粒，甘草、小茴香各 3 克

做法

1 / 猪腿肉洗净、切块，备用。

2 / 热锅，倒入色拉油，放入洗净的猪腿肉块和大蒜炒香。

3 / 再放入水及所有调料和卤包，煮沸后转小火，盖上盖子，续炖煮 80 分钟即可（可另加入葱丝做装饰）。

冰糖酱方

块块方正的酱肉枕在上海青上，
红红的模样、四角又微微垂下，仿佛正害着羞，
勾着食者一定要尝上一尝。

材料 / 猪五花肉 400 克，葱、姜各 20 克，上海青 200 克

调料 / 水 1000 毫升，酱油 100 毫升，冰糖 45 克，黄酒 30 毫升，水淀粉 15 毫升，香油 5 毫升

做法

1 / 猪五花肉洗净切方块，氽烫约 2 分钟捞出，沥干。

2 / 上海青洗净，去菜叶尾部后对切；葱洗净，切小段；姜洗净，拍松备用。

3 / 取一锅，将葱段和姜铺在锅底，摆入猪五花肉，加入所有调料（除水淀粉、香油外），大火烧开后转小火炖约 1 小时，待汤汁略微收干后熄火，挑去葱段、姜；再移至碗中，放入蒸笼蒸约 1 小时。

4 / 将上海青烫熟后，铺在盘底，摆上蒸好的猪五花肉。另将碗中的汤汁烧开，以水淀粉勾芡，淋入香油调匀后，淋至猪五花肉上即可。

重庆麻辣江湖食记

水深火热升麻辣，
重庆的一方江湖，是值得走一回的。

有人说："重庆人有什么，都在这一方沸腾的火锅里。"说重庆火锅之前，先来讲讲火锅的来源。

所谓火锅，简而言之，就是火和锅。火，即一把火将烹饪和食用紧密联系、融为一体，食尽火熄，火一直贯穿着食用的全过程。锅则置于桌上，主料、配料混在一起煮，大家围在锅边一同食用。依此推断，火锅的出现有三个必要条件：一，火的采集和利用；二，人群而食之；三，锅，即炊具的出现。再仔细分析，炊具的出现才是决定性的条件。

中国人最早发明的炊具是陶罐。而陶罐的最早使用者是6000多年前的半坡原始人，他们围火而坐，共食陶罐所烹煮的食物。如此说来，这大抵便是火锅的第一次"笨拙"现身。

中国有个成语叫钟鸣鼎食，源自于《韩诗外传》。当时的人们在举行祭祀或庆典时，要击钟列鼎而食，就是说众人围在一口方鼎的周围，将牛羊肉等放入鼎中煮熟后，再用刀分而食之。古代人所用的鼎，是青铜制造的，如今我们在吃火锅时，还会用到铜锅，这样一类比，火锅离现代又近了不少。

到了宋代，火锅已初现成熟模样，林洪在《山家清供》中曾记述了吃火锅之事，其中说到他游武夷山、访师道时，在雪地里偶得一只兔子，却无厨师烹饪。后来山中的师者告诉他一种烹法，“山间只用薄批，酒、酱、椒料沃之。以风炉安座上，用水半铫，候汤响一杯后，各分以箸，令自夹入汤摆熟，啖之，乃随宜各以汁供。”从吃法上看，与现在的“涮兔肉火锅”颇为相似；从烹饪技艺上看，宋人已深谙火锅烹饪之道。

火锅真正兴盛，开始于明清。乾隆四十八年正月初十，乾隆帝办了530桌宫廷火锅，而嘉庆帝则大摆“千叟宴”，用了1550个火锅，庆祝其登基，如此大的排仗，原来火锅这么早就出现在国宴之上了。

再稍后一些，在重庆出现了麻辣火锅。而毛肚火锅在筵席上初次露面则是在道光年间。四川作家李颉人在《风土什志》中写道：“四川火锅发源于重庆。”另外，关于毛肚火锅的来源，他则介绍道：“吃水牛毛肚的火锅，则发源于重庆对岸的江北。最初一般是挑担子零卖贩子将水牛内脏买得，洗净煮一煮，而后将肝子、肚子等切成小块，于担头置泥炉一具，炉上置分格的大洋铁盆一只，盆内翻煎倒滚着一种又辣又麻又咸的卤汁。于是河边、桥头的一般卖劳力的朋友，便围着担子受用起来。各人认定一格，且烫且吃，吃若干块，算若干钱，既经济，又能增加热量……直到民国二十三年，重庆城内才有一家小饭店将它高尚化了，从担头移到桌上，泥炉依然，只是将分格铁盆换成了赤铜小锅，卤汁、蘸汁也改由食客自行配合，以求干净而适合人的口味。”

当然，关于毛肚火锅于何时何地出现，还有其他不同的说法，这里不一一列举。

重庆火锅到后来又有了“红汤”“白汤”之分，“红汤”即最初的“毛肚火锅”，“白汤”又称“菊花火锅”。再往后，又诞生了现在非常有名的“鸳鸯火锅”。

在 1943 年，重庆火锅对于很多外地人来说，还是一种新兴的时髦菜肴。郭沫若在重庆以一顿火锅宴请其作家朋友，当时为解释何为火锅，还作了一首叫《火锅歌》的打油诗：“街头小巷子，开个幺店子。一张方桌子，中间挖洞子。洞里生炉子，炉上摆锅子。锅里熬汤子，食客动筷子。或烫肉片子，或烫菜叶子。吃上一肚子，香你一辈子。”

到如今，以重庆火锅为代表的川味火锅已红遍大江南北，甚至去到外国的唐人街你也吃得到。

重庆是一方麻辣江湖，重庆火锅自然也并不例外地在调味上凸显其辣与麻的特点，但同时它本身又注重五味的调和，从而能够辣而不燥、麻而不烈，入口味浓、回味绵长。

地道的重庆火锅，无论从汤卤的制作，或是食材的挑选，还是油碟的配制，再到吃法上都有一套讲究。

火锅底料的材料一般主要有干朝天椒、花椒、郫县豆瓣酱、豆豉、姜、冰糖、黄酒、牛油和食用油等。以干辣椒和花椒勾勒火锅的主调，以冰糖缓和其麻辣的刺激，使汤味更加醇厚，还稍带些回甘。另外，黄酒、老姜的加入能够更有效地去腥压膻、增香提鲜。如此相辅相佐的食材搭配，可见其五味调和的真质。

火锅汤卤的制作则是见山水的独门功夫。到重庆，遍地是火锅，遍是不同味道。食材虽大致相同，但对甜、麻、辣、苦、咸五味调和的理解和讲究不同，彼此之间也就形成了互有差异的风味，食客们可细细品尝琢磨。

▲
一把红辣椒，由着重庆人变“戏法”，收服了食者的胃口。

然后便是这油碟配制上的讲究。地道的重庆火锅油碟只有一种，就是碗碟里倒入麻油，然后添入蒜泥、盐、味精或鸡精，另外可根据每人的口味随意加入香菜和豆腐乳。

最后，再说说吃法上的讲究之道。重庆人吃火锅，必点的老三样菜品分别是鸭肠、毛肚和耗儿鱼。若没有这老三样，似乎就不能叫吃火锅。另外，重庆人在吃火锅时，从汤中夹起的食物一定要放入油碟里，一方面，可以快速地散去食物的热；另一方面，细致调配的油碟有提鲜增香的作用，如此更能体会到食物的五味和谐所带来的无穷回味。

以上是从火锅的本身出发，分析其为何独具魅力。另外，再说说重庆火锅的象征意义。

有人说，火锅是对原始时代“共火而食”的回忆、模仿和发展，充分体现了中国人崇尚的和吃共食的“和谐”精神。相对于一人一份独立分食的西餐，一大帮人就着火锅共食同饮，举箸称酒，闲话桑麻，热火朝天、大汗淋漓中涌动着一种浓厚的人情味儿，多么难得。

重庆火锅风格独特，有着旺盛的生命力。另外，它的衍生品之一，麻辣烫也颇为流行，做起来更为简单，吃起来也更为方便。

关于麻辣烫，这里不再详述。转而说说另一种风味的美食——卤鸭子。重庆人虽不像南京人在制鸭馔上那么孜孜不倦、那么深刻，不过他们也有独具特色的鸭肴。其中，著名的就有王鸭子。

王鸭子诞生于20世纪30年代末，其创始人名叫王忠杰，直到40年代初，其初发迹，并有了正式“王记鸭子”的招牌，不过顾客为了方便之宜都喊“王鸭子”。

王鸭子制法独特，从选鸭、宰杀、剖肚、挖肠、码味、腌渍、出胚、打粉、香熏、卤制、装盘等就有十多道工序，配制卤水的香料主要有姜、八角、广香、丁香、砂仁、豆蔻、桂皮、草果、香松、花椒等。制作时，无论是卤水熬煮、烤鸭的火候等都有特别的讲究，烹得的鸭肉皮脆柔嫩、香入骨髓，回味悠长，既可摆于宴席之上，又可作为便餐小酌。

除了王鸭子，在重庆，你不要错过的还有樟茶鸭和啤酒鸭。

樟茶鸭，是以樟树叶和花茶叶燃烧熏制的烟熏鸭。制作樟茶鸭，食材选用上以秋季上市的嫩公鸭为佳，制成需经腌、熏、蒸、炸等四道工序。再者，其装盘也颇为讲究，整鸭在熏好斩段后还要复形于盘中。另外，鸭肴上席时还会配上荷叶软饼，如此一般摆饰颇具形意。

▼
一方沸腾的麻辣火锅，从南到北，从夏到冬，热度丝毫不减。

啤酒鸭，是一道彰显重庆人性格的菜。有重庆人爱吃的辣椒，还有重庆人好喝的啤酒，有酒香，有爽辣，如此一道鸭肴一定要好好品尝，莫辜负了重庆人的美意。

烟熏鸭舌

材料 / 鸭舌 20 克

调料 / 蜜汁卤汁 1000 毫升，白糖 45 克，香油适量

做法

1 / 烧一锅开水，放入鸭舌氽烫约 1 分钟去血水，捞出，放入冷水中洗净，备用。

2 / 将蜜汁卤汁倒入深汤锅中，以大火烧开，再放入鸭舌，以小火保持沸腾状态约 10 分钟。熄火，盖上盖子，以余温浸泡约 20 分钟后捞出，沥干卤汁。

3 / 取一锅，在锅底铺上铝箔纸，撒上白糖，架上铁网架，放上鸭舌，盖上锅盖，转中火，加热至锅边冒烟后转小火，焖约 5 分钟；熄火，再闷约 2 分钟；打开锅盖，取出鸭舌，刷上香油即可。

香辣蜂巢牛肚

材料 / 卤好的牛肚 1 具（约 500 克），卤好的花干 1 块，葱花少许

调料 / 花椒、糖各适量，香油 15 毫升

做法

1 / 将卤好的牛肚对切剖开。

2 / 再以斜刀方式将牛肚切片；卤好的花干切大块。

3 / 将牛肚片、花干块放入同一碗中，并放入花椒。

4 / 再放入糖。

5 / 然后淋上香油。

6 / 最后撒上葱花，拌匀盛盘即可。

啖啖贵阳的酸辣汇

说贵阳的酸辣，
得先啖一口粉，再食一餐鹅。

贵阳人在吃上非常讲究味觉和口感，贵阳美食特色主要体现在酸辣上，其酸有酸的道理，辣有辣的讲究。

关于贵阳人的酸辣哲学，首先从一碗地道的牛肉粉开始呈现。贵阳人酷爱吃粉，牛肉粉是其吃早餐的最好选择。在冬天，一大早起来，一碗肉香四溢、热气腾腾的牛肉粉下肚，顿时一番大汗淋漓，滞留在体内的早起困倦也一并排尽，同时为身体注满了能量，变得神采奕奕。

贵阳的牛肉粉有许多种，以口味来分，有清汤牛肉粉、红烧牛肉粉、黄焖牛肉粉以及酸汤砂锅牛肉粉。不过，不论是何种牛肉粉，所谓万变不离其宗，一碗牛肉粉的精髓之处，就在于那一份牛肉汤。汤鲜，粉就鲜；汤浓，粉则香。

另外，从粉的粗细来分，有酸粉和细粉。酸粉，比米线粗，而且米的浓度和密度都高于一般米粉，味道略酸。酸粉其实可算是贵阳的特产，成形的时间一般在每天的凌晨 2 点到 5 点，常温下不能过夜，因此非常特殊。因为其独特的味道，对于酸粉的喜好，则是见仁见智的事儿，本地人爱吃，外地人则闻都闻不惯。如今，贵阳人吃素粉则多选用酸粉，搭配各种蘸水（油辣椒、鸡辣椒）；而吃牛肉粉选用细粉，其中以花溪牛肉粉代表。

花溪牛肉粉在贵阳家喻户晓，人人皆知，因其发源于贵阳花溪地区而得名。

在食材上，花溪牛肉粉选用上等的黄牛肉和精制的米粉，而熬制原汤的材料则取自多髓牛骨。当然，在制作上也颇为讲究。将牛肉洗净切成大块入锅煮至半生捞起；用净锅加水、糖色、香料烧开后，放入一半牛肉煮至熟透，捞出，切成 5 厘米长、3 厘米宽的薄片；另一半牛肉切成小方丁用小火炖，泡的酸莲白切成长块状，香菜切成段待用；米粉放入开水锅中烫透，捞入面碗内，再将切好的牛肉片和炖熟的牛肉丁、酸莲白、香菜放于粉上，舀入原汁汤、混合油、味精、花椒粉、胡椒即可。

雪白的粉、酱红的牛肉丁、碧绿的香葱和香菜、玉石白的酸菜、清汤上面浮着几滴香油，看那颜色就觉得舒服，吃起来更加精彩。此外，在吃牛肉粉时可再添上一颗卤蛋，一口粉，一口鸡蛋，非常有趣。

在花溪，除了吃地道的酸辣牛肉粉，如果不能吃上一顿清汤鹅火锅，也是件颇为遗憾的事儿。

关于花溪鹅肴的美味，书法家徐康建曾题词赞道：“花溪清明明洹溢香，呆鹅美味客复来。”这一锅美味的花溪清汤鹅火锅拴住了远方好友的胃口，让好友吃得尽兴，让花溪人也烹得尽兴。

国人很早就懂得，所谓饭食之事绝不只是为了满足食欲，还得讨个食趣，所以我们说美食须兼具色、香、味。花溪鹅作为一道美食，当然是三者俱全，不过为了吃得更加尽兴、有趣，我们还得再借一“色”，那就是花溪的湖光山色。懂吃的人说食清汤鹅最好临花溪。吃时得配着贵州特色浓厚的煳辣椒蘸水，再用老卤水卤制的鹅头、鹅下巴、饿掌、鹅翅，时不时啄几口花溪自产的糯米香酒，还有在其他地方很难吃得到的米豆腐和时蔬，随烫随吃。吃到七八分饱，有了闲工夫，赏一赏好风景，吹一吹迎面拂来的清风，再看看川流不息的食客，好不有趣。

清汤鹅火锅，一般多以炖法烹制。为使汤鲜肉嫩，宜用小火慢炖。选肥嫩母鹅一只，宰杀时将鹅血放入装有盐水的大碗内，再将鹅毛煺净，清水冲洗后除去内脏洗净，斩下鹅头、鹅掌、鹅翅，将鹅身斩成 10 厘米长、5 厘米宽的条块，漂净血水后放入高压锅中，掺入清水，加入老姜 50 克、大葱 100 克、料酒 50 毫升、醋 10 毫升，再放入用纱布包好的香料草蔻 5 克、砂仁 10 克、白蔻 5 克、花椒 5 克，盖上盖，大火烧至上气后，转用小火压约 20 分钟，离火，放气揭盖，拣去姜、葱和香料包，调入盐、鸡精，将鹅肉捞起放入一大盆内，待锅中汤料澄清后，再将汤汁倒入另一大盆内。待客人来时，取火锅盆一个，先放入一定数量的鹅肉，再添入汤汁，配上客人点的卤菜和凉拌鹅血、时令鲜蔬及糊辣椒蘸水等一同上桌即可。其中，火锅所配的素味一般有青口白菜、莲花白、笋尖、豌豆尖、茼蒿菜、香菜、土豆、白萝卜、粉丝、豆腐、海带结、饵块粑或年糕等。

如今，花溪的“清汤鹅火锅”已经形成了火锅系列。例如，有的因在火锅中加入了水发竹笋而变成“竹笋鹅”，有的因加入酸汤而成了“酸汤鹅”，有的因加入竹荪而成“竹荪鹅”……。

可以说今日的花溪人已经把“清汤鹅火锅”开发得淋漓尽致了。

走出花溪，再回到贵阳的街头探探究竟。贵阳人当然爱吃卤味，无论夜市还是白天，你都能看到一桌三五人，正酣畅淋漓地吃着卤水拼盘，好不惬意。

不同于其他地方，在贵阳非常有地域特色的便是这剪刀卤菜，或者叫作剪刀卤水拼盘。方形的铝制大锅里，已煮熟的叉烧、牛肉、毛肚、香肠、肥肠、牛筋摆一边，其间或夹杂有半熟的豆腐泡、豆腐皮等豆制品，或海带、洋芋、鸡蛋等。各式各样的卤味，光荤菜就有 20 种。

说它特殊，其一，卤好的菜品被卖家用一把非常锋利的剪刀剪成适中的大小，盛入碗中后端上桌。其二，自然是最具贵阳特色的辣椒蘸水味碟，有酸萝卜和甜萝卜两种口味。浓香的卤菜配上香辣中捎带着或酸或甜的特色蘸水，既丰富了卤菜的香味，又涤去了卤菜中的油腻，不禁令人胃口大开。

▼
腌制成酸笋，可单食，亦可作辅料搭配。

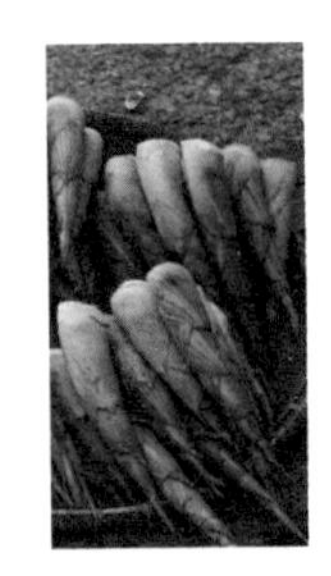

在吃剪刀菜时，一般都有免费的酸萝卜和折耳根凉拌菜供应。酸萝卜对于一般人来说并不算问题，不过折耳根那独特的味道着实“欺负”了不少外来的食客。

在贵阳，除了以上所记述的，还有很多特色的卤味，比如贵阳泡椒凤爪，它的辣味自然没有四川的那样辣得凛冽，不过它酸辣中回甘的风味，能让吃的人沉醉其中；再比如特色的青岩卤猪脚，俗称“状元蹄”，油而不腻，回味绵长；还有青岩的卤豆腐也非常美味，这里不一一详述。

泡菜卤五花肉

材料 / 猪五花肉块 450 克，泡菜 150 克，葱段 20 克，水 900 毫升

调料 / 白糖 30 克

卤包 / 八角 2 粒，甘草 3 片，白胡椒粒 5 克

做法

1 / 热油锅，加入猪五花肉块、葱段和泡菜炒香，再放入水和所有调料炒匀。

2 / 然后向炖锅中加入卤包，用大火烧开后，转小火，盖上锅盖，卤 50 分钟至五花肉变软即可。

酸菜桂竹笋卤肉

借着汤火，竹笋缓缓地吸收着猪肉的丰腴，
成全了猪肉，又丰富了自己。
还有酸菜等佐味，清爽的味道，食者好不畅快。

材料 / 猪五花肉 400 克，酸菜 60 克，桂竹笋 300 克，大蒜 5 瓣，葱段 15 克，水 900 毫升，色拉油 30 毫升

调料 / 酱油 50 毫升，米酒 15 毫升，白糖 8 克，白胡椒粉少许

做法

1 / 猪五花肉洗净、切块；酸菜泡水 5 分钟后洗净、切小段，备用。

2 / 桂竹笋洗净、切段，放入沸水中汆烫约 3 分钟后，捞起沥干，备用。

3 / 热锅，倒入色拉油，放入大蒜及葱段爆香，再放入猪五花肉块炒至肉色变白。

4 / 接着放入所有调料炒香，再加入水煮沸后，转小火续卤约 20 分钟，最后放入泡软的酸菜段、汆烫后的桂竹笋段，续卤约 30 分钟，即可盛盘。

都说潮州有好味道

潮州有三宝，
功夫茶、海鲜和卤味。

潮州位于韩江下游冲积平原，土地肥沃，东临大海，气候温润，优越的自然环境为潮州带来了丰富的物产资源，稻谷、甘蔗、茶叶、水果、海盐、禽畜、海鲜……这些是潮州菜发展的基础。

潮州位于闽、粤交界处，秦以前为闽越，潮州菜的渊源可追溯至古闽越，后至秦始皇时属南海郡，隶属广东至今。悠久的历史给潮州小吃注入了深厚的人文底蕴，促其形成了浓郁的地方特色。潮州菜在饮食上又受到广州的影响。潮州菜身承闽菜、粤菜，汇两家之所长，风格自成一派，清而不淡、鲜而不腥、嫩而不生，以海鲜见长，素菜荤制各具特色。早在盛唐，左迁至潮州的韩愈为介绍潮州饮食的迷人风味，曾写过《初南食贻元十八协律》一诗：

鲎实如惠文，骨眼相负行。
蠔相粘为山，百十各自生。
蒲鱼尾如蛇，口眼不相营。
蛤即是虾蟆，同实浪异名。
章举马甲柱，斗以怪自呈。
其余数十种，莫不可叹惊。

我来御魑魅，自宜味南烹。

调以咸与酸，芼以椒与橙。

……

诗中记述了潮州人食鲎、蚝、蒲鱼、蛤、章鱼、马甲柱、蛇等多种肉食类品种，并懂得以盐、酱、醋、椒和橙等作料来调咸与酸，可见当时潮州人的烹饪技艺已具有相当的水平了。

潮州有三宝，功夫茶、海鲜和卤味。

在潮州菜中，卤味是代表。卤是指潮州人利用鹅、鸡、鸭、猪、牛等食材进行烹制，是非常普遍、家常的方式，有着强烈的地方色彩。无论游神赛会、祭祖拜神、节日或红白喜事，乃至平常日食、宴客，常有这些卤味。

潮州卤味烂中留韧、肥而不腻、辛香美味，回味绵长。其卤水是用细猪骨、梅肉、老鸡、火腿、干贝，与八角、桂皮、香叶、鲜香茅、甘草、黄姜、罗汉果、丁香、蒜头、红葱头、西芹、胡萝卜、洋葱，以及盐、冰糖、酱油、鱼露、鸡精、花雕酒、玫瑰露酒等一同熬制而成。

潮州人无论是吃大餐还是小吃，无论如何总少不了点上一道卤味。如果去潮州饭馆，人们通常会先要一份卤水拼盘。

各种食材经过药材、香料、高汤卤制成辛香美味的卤味，如鹅头、掌翼、心肝肚肠、豆腐干等，随便点上 4 ~ 5 种，慢慢地拼成一盘，再配上一碟汾蹄汁蘸食，差异的口感、层次的美味，让舌尖浸淫其中，好好感受这小菜的精彩。

卤水拼盘是不错的开场白，闲聊之余，一盘拼盘下肚，气氛渐渐升温，胃口已暖开，也该到大菜上桌的时候了。

说到大菜，当然得说说令潮州人自豪的卤水鹅。卤鹅在潮菜中有非常高的地位，无论是祭祖拜神，还是婚宴、寿宴，都必须备上一盘鹅肉。卤水鹅，口味上以澄海和溪口两地为胜。

潮州卤水鹅，食材则选用其著名的本地狮头鹅。狮头鹅体型巨大，成年鹅每只都有 7 ~ 8 千克重，老鹅可达 10 千克。狮头鹅如此魁梧，和当地旧时流行的“赛大鹅”风俗是离不开的。在元宵和盂兰节时，各家各户都会从家中挑出最大的鹅宰了当作贡品祭拜鬼神，摆放贡品的供桌就放在门口，让人们驻足观赏评价。正是如此，人们对狮头鹅更加“厚道”，更加用心择种和饲养，狮头鹅也不负期望地充分发挥其生长潜能，越长越大。

卤水鹅吃起来痛快，不过若是要自己做的话，却不是件令人痛快的事儿。

这令人不痛快的事儿就是第一步，拔鹅毛。想象下围着一只巨型的狮头鹅拔毛，就颇令人头痛。先将鹅割喉放血后，丢到大锅里烫，捋光羽毛后，剩下又多又细的毫毛，这时你就需要拿着一只镊子一根一根地拔。想拔干净一只狮头鹅，不到腰酸背痛是拔不尽的。

毛拔完后，把鹅肉洗净，吊在绳子上晾干后才能入锅。其实，个人觉得做卤肉，还是得用灶台的大锅过瘾。如今澄海的农村人仍保留着烧灶台大锅卤肉的习惯。他们做卤水鹅惯用的调料有南姜、八角、桂皮、茴香、陈皮、酱油等，还有冰糖、鱼露、黄酒等因个人口味喜欢而添加。另外，为防止配料四处散落，需用纱布包住或者装入香料袋。由于狮头鹅个头太大，若要入味，开始需以大火烧开卤水，然后抽去几根柴火调小火势。为了将鹅卤得更加入味，期间每隔 20 分钟就要将鹅提起来，控尽腹中卤汤，翻一翻再回锅煮，如此卤上 3 个小时左右，这鹅就卤成了。

在澄海等地，因为要祭拜鬼神，所以讲究在卤鹅时要鹅只完整。单从吃的角度，这的的确确会影响口感和味道，因为鹅的肉身肥厚，待肉身入味了，鹅掌、鹅翼部分早已卤得过干、过咸了。因此，若只为吃的话，要事先将掌翼剁下来单独卤制，时间自然不用这么长，味道确是恰到好处，岂不妙哉。

卤水鹅，除了美味的鹅肉，这余下的卤汤可谓是一个宝贝。其用处广泛,可作蘸酱,可作为作料炒菜,也可直接淋在白粥里吃。

所谓靠山吃山，靠水吃水。广袤大海的慷慨给予让潮州人充分发挥其烹饪天赋。当然，潮州人也没有辜负大海的期望，让海鲜成为了潮州菜的一个特色。

清屈大均在《广东新语》中写道，“粤东善为鱼脍”。潮州人对烹饪海鲜颇有一手，考究地选用烹调海鲜的调料，精细地烹调制作，作料配碟的组合配搭，形成了新鲜美味、清而不淡、鲜而不腥的特色潮州海鲜风格，鸳鸯膏蟹、生菜龙虾、红炖鱼翅、蚝烙、清炖乌耳鳗、清汤蟹丸……无一不让挑剔的食客安静下来，细细品尝，好好体会潮菜的精髓。

所谓吃河鲜、海鲜，讨到一口鲜，是食客们的当然诉求；而如何呈现一口鲜，自然是烹饪者的努力方向。

潮州人以何种卤法来呈现海鲜的鲜呢？答案是生卤，或者叫作生腌。常见的生卤海鲜有虾姑、蟹类、牡蛎、虾、薄壳、血蚶等，而腌料通常是由姜、葱、蒜、辣椒、香菜和盐、味精、酱油、香油、鱼露配调料等按照比例搭配而成。其烹调方法则非常简单，就是一个“腌”而已。将洗干净的海鲜用刀处理后，放入盆中，然后将腌料淋在上面，用手拌均匀，静置三个小时即可。

所谓“有味者使之出，无味者使之入”，腌料的量要精准，既要让味道渗入肉中，又不能太过浓烈。作为作料的自觉，要不偏不倚、不浓不烈，以五味调和之姿恰当地衬托，甚至是活化海鲜的鲜美，才是正道也。

潮州，在上千年的饮食文化历史中，形成了独具特色的潮菜体系。如今的潮菜，已成了广味甚至南味的代表之一，满足了多少饕客挑剔的胃口……

▼
烹饪海虾，潮州人有着自己的讲究。

虾酱卤肉

材料 / 猪五花肉 400 克，大蒜 40 克，水 200 毫升，姜、辣椒片各 10 克，色拉油少许

调料 / 虾酱 15 克，蚝油、绍兴酒各 30 毫升，白糖 10 克

做法

1 / 猪五花肉洗净切小块；大蒜及姜均洗净切末，备用。

2 / 热锅，倒入油，以小火爆香蒜末、姜末、辣椒片后，放入猪五花肉块，转中火炒至肉块表面变白。

3 / 再加入虾酱及蚝油炒匀，接着加入绍兴酒、白糖及水拌匀，盖上锅盖，转小火煮约 30 分钟至猪五花肉块熟软即可。

梅菜扣肉

新鲜的梅菜先凉挂、盐腌，后晒成干，
其香味浓郁了不少，从而更好地晕染了猪肉，
吃上一回便多生念想。

材料 / 猪五花肉 450 克，梅干菜 220 克，红辣椒末 5 克，蒜末、姜末各 10 克，香菜少许，色拉油 30 毫升

调料 / 酱油、米酒各 25 毫升，鸡精少许，白糖 5 克

做法

1 / 猪五花肉入沸水中汆烫去血水后，捞起切片，再加入酱油和 7 毫升米酒稍腌渍。

2 / 梅干菜放入水中浸泡 5 分钟后，捞出切段。

3 / 热锅，倒入色拉油，放入蒜末、姜末、红辣椒末爆香后，放入泡软的梅干菜段炒约 2 分钟，然后放入剩余调料炒匀。

4 / 取碗，排入腌好的猪五花肉片，放入做法 3 炒好的梅干菜段，压平后放入蒸笼中（蒸笼里的水已煮至沸腾），蒸约 1.5 个小时后熄火，续闷约 20 分钟。

5 / 将卤好的食物取出，倒扣于盘中，最后摆上香菜即可。

3

一场卤的盛宴

一种食材，从东到西，由南至北，

虽同以卤法烹制，

但不同地域的人凭借着自己的智慧和经验，

赋予了它不同的味道。

老鹅，老也不老

“鹅，鹅，鹅，曲项向天歌。
白毛浮绿水，红掌拨清波。”

相比千里冰封、银装素裹的北方，河塘连连、绿水处处的江南和岭南地区才是鹅的好归处。唐朝诗人姚合曾用“有地唯栽竹，无家不养鹅”来描述扬州。汪曾祺以“三两只洁白的鹅漂浮在一片清波里”描绘了这一幅江南美景图。

江南素有养鹅吃鹅的传统。南京有全鸭宴，而扬州则有丰盛的全鹅宴。赏瘦西湖的旖旎，品盐水鹅的味美。

在扬州，无论是家常的餐桌，还是盛大的酒席，都有盐水鹅的出现。曾有人做过统计，在一个有着大约 450 万人口的扬州城里，卖老鹅的大小摊位就有 2100 余处。扬州人每年大约要吃上 2000 万只鹅，算下来平均每个人要吃到 4 只半，10 多千克的盐水鹅。

扬州人习惯称盐水鹅为老鹅。在中国人的文化字典里，“老”表达了尊敬和亲切，以“老鹅”冠之，足以见得盐水鹅在扬州人心中的重要地位。

此外，老鹅之老还有其他的意思，一是说其大，在饲养的家禽中，鹅的个头是最大的；二是盐水鹅要做得好吃入味，卤汤一定要是有传承的老汤，做的盐水鹅才够味。而且老鹅叫起来爽快、亲切，久而久之，盐水鹅在扬州人那里也就成了老鹅了。

扬州盐水鹅在制作时，不仅注重作料配方，更注重火候，以达到色、香、味、形俱佳。扬州盐水鹅采用全天然植物香料和滋补中药秘制配方，特别是陈年老卤煮制。肉质紧密，鲜美可口，原汁原味，风味清新，浓而不腻，淡而不薄，风味独特，食后齿颊留香。

在扬州城，关于卤老鹅有这么一个流行的口诀："一只鹅四个八角、二两五盐、一克陈皮"，再用15千克清水调制，每天如此，时间长了，会越来越香。不过扬州厨子们并不满足，在这个口诀之上又根据自己的理解，创造出自己的卤鹅秘方。诚然，烹老鹅的作料无非是葱、姜、八角、桂皮、丁香、料酒等香料的组合。看似简单，其实讲究和变化颇多。熬制一锅卤水，有人会使用十几种作料，而有人则会用上三十几种。看似波澜不惊，其实和讲究君臣佐使、用量多寡的中药配方一样，有着无穷的变化。因此老鹅好吃，不过不同的摊子售卖的老鹅相互之间都有些许差异，都有着不同的口味。

因此，除了扬州盐水鹅，在淮扬一带，有特色的还有仪征岔镇盐水鹅、江都吴堡老鹅、高邮菱塘老鹅以及秦栏盐水鹅。其中，要说说这肉酥嫩喷香、老少咸宜、别具风味的秦栏盐水鹅。

秦栏盐水鹅的起源，据说与宋朝的朱寿昌有关。话说，朱寿昌在年幼时，不知何故，其母刘氏被弃，母子分离50年。后朱子成年后，仕途得意，官拜朝议大夫。想起与母生活的三年时光而思念成疾，且茶饭不思，身体每况愈下。其家侍从回想起其幼时与刘氏一起牧鹅的情形，便苦心钻研，烹制出了卤水鹅。朱子吃后食欲大增，身体慢慢好转，但对母亲的思念却是越来越浓，于是他便辞去官职，踏上艰难的寻母旅途。后来母子终得团聚。团聚后，朱子便吩咐侍从卤老鹅与其母分享。因其母是秦栏人，便为这卤鹅取名为秦栏卤鹅。

秦栏老鹅的制卤非常讲究。先将八角、丁香、小茴香、川椒、沙姜、桂皮、肉果、熟芝麻等碾碎装入布袋，然后随着酱油、味精和水一并下锅，煮至香味散出。之后将处理好的鹅肉放入卤汁中煮熟，期间要掌握好火候与时间。出锅后的卤鹅表面呈金黄色，光洁发亮，香气清新醇厚，油而不腻，烂而不散，美味爽口。

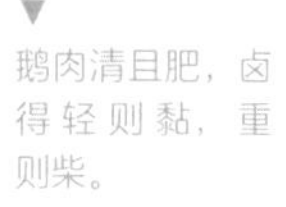

▼
鹅肉清且肥，卤得轻则黏，重则柴。

在秦栏当地还有全鹅宴，除鹅肉之外，用鹅的头、颈、舌、心、肝、胗、胰、肠、脯、翅、掌等不同部位做的菜肴，其味各有变化。一桌全鹅宴要选用4～5只卤鹅才行，先将卤鹅按不同部位分割，一般要浇上3～4遍热卤后，再浇上鹅油，才能做出一桌色、香、味俱全的全鹅宴。

这全鹅宴，秦栏有，潮汕地区也有，而且两者之间有着相当的差异。

自民国以来，食鹅之风在岭南就颇为盛行。与广州、新会地区流行食烧鹅不同，潮汕地区则偏爱卤水鹅。

潮汕全鹅宴非常著名，包括豉油皇碌鹅、乡下薯仔焖鹅、五味手撕鹅、捞起鹅肠、盘仔村边鹅、烧汁鹅柳、脆皮让鹅肝、瑶柱珍菌鹅煲、腊白蒜炒鹅什……其中最有名的当然是卤水鹅。

潮汕卤水鹅，拼的也是一锅卤水。卤水中除了常规的老抽、生抽、料酒、白糖等，还包括八角、花椒、桂皮、茴香、丁香、砂仁、香叶、罗汉果、蒜、干香菜籽、沙姜等多种香料制成的香包；卤料在下锅前需要先行加工，有些香料需要炒制使其香气溢出；制作专门的卤汤时，用肥猪肉、老母鸡、筒骨或排骨等加上酱油、带壳桂圆等熬煮。

正是这一锅卤水配上著名的狮头鹅，才能得来一道香滑入味、肥而不腻、回味悠长、富有特色的潮汕卤水鹅。

当潮汕的卤水鹅往西走，走到荣昌会是什么样？“卤鹅卤鹅，盯一眼走不脱。”这是一句荣昌城内老少皆知的顺口溜。每到傍晚下班时，满城里弥漫着的卤鹅香气越来越浓，生生吊开了行人的胃口，也催促着行人归家的脚步。

荣昌卤鹅色泽金黄，香味浓郁，吃起来软中有韧、肉质滑嫩、微辣适口、肥而不腻，美味盈喉，久之不散。

制作荣昌卤鹅，首先要用盐均匀地涂抹在光鹅周身内外，并放入一段竹筷撑在腹腔内。然后把炒香的花椒、八角、桂皮、甘草和丁香装入卤料包后，放入卤水中，并加入酱油、糖、姜、香芒、白酒和清水，中火烧开卤水，放入腹内塞了大蒜和姜的生鹅，转小火煮一个半小时，为使鹅充分入味，卤制期间需数次翻转鹅身。卤好后捞起放凉，切成厚片装盘，淋上卤汁，撒上香菜，并辅以盛了蒜泥、醋的味碟。

荣昌卤鹅就是一次美食的迁徙和传承。在动荡不安的历史社会中，人们就如同大风中的蓬草一般，不得不离开故土，流落到异乡谋生存。如此境遇下，一群客家人便在四川荣昌扎根生火，在袅袅炊烟的日子里，岭南的卤鹅也在这里有了崭新的面貌。

客家人移民荣昌已有三百多年的历史，在这漫长的岁月里，他们在异地完成了从陌生到适应的过程。卤鹅在客家人的不断改进中，摆脱了饮食差异的不适，与当地饮食渐渐融合，既保留了粤菜用料讲究、味尚清鲜的原有特点，也吸收了川菜调味多变、麻辣浓郁的地方风味。

如此融合了两地烹饪精华的荣昌卤鹅，变成了如今颇受荣昌老百姓喜爱的餐桌佳肴，也成了今天荣昌的一大特色。

潮式卤鹅掌

材料 / 鹅掌 5 只（约 150 克）

调料 / 潮式卤汁 1 锅

做法

1 / 将鹅掌的脚爪剁除。

2 / 取一个汤锅，将水煮开后，放入鹅掌汆烫约 1 分钟即取出冲水，以降低温度。

3 / 用刀刮除鹅掌掌心的黄粗膜。

4 / 另取一锅，放入潮式卤汁煮沸后，放入鹅掌；转小火，让卤汁保持在略微沸腾状态约 8 分钟后熄火，以浸泡方式让鹅掌入味，约 30 分钟后即可取出。

辣味鹅翼冻

材料 / 鹅翼 10 只

调料 / 粗辣椒粉 30 克，香油 15 毫升，香辣卤汁 2000 毫升

做法

1 / 鹅翼洗净，入沸水中汆烫约 1 分钟后捞出，冲凉沥干。

2 / 将香辣卤汁倒入锅中，以大火烧开后，加入粗辣椒粉拌匀，再放入鹅翼，以小火保持沸腾状态约 10 分钟；熄火，加盖浸泡约 10 分钟。

3 / 捞出鹅翼，均匀刷上香油，待凉后放入保鲜盒中盖好，再放入冰箱冷藏至冰凉即可。

卤包材料 / 草果 2 颗，八角 10 克，桂皮 8 克，沙姜 15 克，罗汉果 1/4 颗，丁香、花椒各 5 克，小茴香、香叶各 3 克

卤汁材料 / 粗辣椒粉 20 克，水 1600 毫升，酱油 600 毫升，白糖 120 克，米酒 100 毫升

做法

1 / 将所有卤包材料装入棉质卤包袋中，再用棉线绑紧，即为香辣卤汁卤包。

2 / 取一个汤锅，将葱及姜（材料外）拍松后放入锅中，加入水 1600 毫升，开中火烧开。

3 / 将酱油及米酒放入锅中一起煮，煮沸后加入白糖、粗辣椒粉及香辣卤汁卤包，转小火煮沸约 5 分钟，至香味散发出来即可。

卤脆肠

材料 / 脆肠 500 克

调料 / 香油 15 毫升，白醋 5 毫升，冰镇卤汁 2000 毫升

做法

1 / 脆肠放入盆中，以白醋搓洗至无黏滑感时，再以流动的清水冲洗干净。

2 / 将洗净的脆肠放入沸水中汆烫约 1 分钟，捞出，再次冲凉后沥干。

3 / 取一深锅，倒入冰镇卤汁，以大火烧开，再放入脆肠，以小火保持沸腾状态约 5 分钟；熄火，加盖浸泡约 15 分钟。

4 / 捞出，均匀拌上香油，放凉后放入保鲜盒中盖好，放入冰箱冷藏至冰凉即可。

秋风一起便食鸭

一阵秋风吹起，
吹肥了鸭子，也吹馋了食者。

秋天，是鸭子出落得最标致的季节。《本草纲目》说鸭肉“主大补虚劳，最消毒热，利小便，除水肿，消胀满，利脏腑，退疮肿，定惊痫”。可见，鸭肉有很好的解秋燥的功效。所以，在秋天，烹鸭食鸭再妙不过。

中国人食鸭的历史由来已久，《左传·襄公二十八年》一文中载有“公膳日双鸡，饔人窃更之以鹜”。鹜，即鸭子。意思是，厨子在为在朝工作的“公务员”们烹饪午餐时，私下将鸡肉替换成了鸭肉。从历史、区域来说，古代北方人食鸭不如南方多。据《东京梦华录》记载，当时北方人的荤食多为羊肉、鱼、鸡以及鹅，鸭很少见到。

在我国，若论制鸭馔，想必没有哪个城市能比得上南京。南京有着悠久的食鸭文化。早在春秋战国时期，南京便有了“筑地养鸭”的传统，到了魏晋南北朝时期，人们就能制作鸭馔。如今，南京人如变戏法般地烹制着鸭肴，五花八门，让人眼花缭乱。既有盐水鸭、烤鸭、板鸭、酱鸭、琵琶鸭、八宝珍珠鸭等，还可以巧妙实现“买一鸭可以成全席”，除鸭肉外，还有鸭肫、鸭心、鸭肝、鸭舌、鸭四件、鸭血汤。

其中，重点来说说这盐水鸭。盐水鸭作为南京有名的特产之一，在六朝时就颇负盛名，被誉为“六朝风味，白门佳品”。盐水鸭一年四季均可制作，尤以中秋前后、桂花盛开时制作的盐水鸭味道最佳，故美其名“桂花鸭”。《白门食谱》曰：“金陵八月时期，盐水鸭最著名，人人以为肉内有桂花香也。”

关于盐水鸭，在南京还流行者一个非常有趣的风俗。话说毛脚女婿登门拜访时，一定要带两只盐水鸭。假如未来的岳母对毛脚女婿感到满意，就在桌子上的盘子里放上盐水鸭的屁股，表示这桩婚事可以定下来了，因为这鸭屁股就是“鸭腚”，腚就是定的谐音。而如果对毛脚女婿不满意，就会在盘子里放上盐水鸭的腿或翅膀，表示可以走了。

制作正宗的盐水鸭，除了好的用料外，还有一个十二字诀：炒盐腌、清卤复、烘得干、焐得足。其中，“清卤复”便指的是老卤，是盐水鸭美味的灵魂。卤水在浸泡过无数只鸭子，经历了岁月的沉淀后，盐水不断地吸收鸭子的精华，从而脱胎成为一锅有着生命力般的“老卤”。因此，一缸百年老卤常常被人们视为珍宝。

盐水鸭之所以能够在众多美味鸭肴中脱颖而出，全凭这“三绝”：皮白肉嫩、肥而不腻、鲜香可口。陈作霖曾在《金陵物产风土志》中这样说道：“盐水鸭淡而脂，肥而不浓，乃无上妙品，烤鸭、板鸭、酱鸭均不及也。”

盐水鸭不仅受到了平民大众的追捧，而且深得慈禧太后的喜爱。她每年都派人到南京采购大量的盐水鸭，可见盐水鸭是多么的美味。也因此，盐水鸭得到一个响当当的头号——“贡鸭”。

无论是当今还是古代，盐水鸭不仅是当地人招待朋友的桌上食，还被异乡人归家时放入随身的包袱里。包袱里的异地美食，机缘下在当地扎根，成为一方特色，这便是美食的妙吧。

▲
有茶香喂着，
鸭肉更加润口。

明朝时期，南京盐水鸭跟随郑和荣归祭祖而去到了昆阳晋宁。“清而旨，久食不厌”的盐水鸭征服了晋宁人的胃。于是，聪明的晋宁人在借鉴南京盐水鸭的制作工艺的同时，又结合当地饮食习惯，采用滇池麻鸭，配以云南中草药材，经过一代又一代的传承和发展，形成了体系独特、特色鲜明的昆阳卤鸭。如今，昆阳卤鸭家喻户晓，已成为昆阳的一张城市名片。

烹制熏鸭子，不同地域的人有着独特的手法。四川乐山人将头一晚腌渍的鸭肉（去翅尖、鸭脚）用稻草熏至呈茶色后，放入卤锅中卤制;汕头峡山人选择肥硕的鸭子腌渍,后以红糖起卤上色,燃烧甘蔗渣起烟熏制；安徽无为熏鸭，因饿肚子的朱元璋野外架火烧鸭无意得之，后由回民马常有发扬光大，并摸索出用锯末熏鸭的独特工艺；而福建三明人则在锅底铺上一层大米，锅下的火逼出锅底大米的清香,清香升腾,丝丝缕缕地浸入到架着的鸭肉中。

当然，爱饮茶的人们也会以茶作熏料。名厨黄静宁用奇香无比的福建漳州的嫩叶贡茶配上各种作料熏鸭，茶香与肉香巧妙地融合，慈禧尝后大加称赞；四川成都人将稍煮过的仔鸭入熏炉，以樟树叶和花茶末烟雾熏之。出炉后，入油锅炸至棕红色，切块装盘时盘回原形;福州人则是以乌龙茶为燃料来熏烤鲜嫩的鸭肉，别具特色。

盐水鸭

材料 / 鸭 1 只

调料 / 盐水鸭卤水 1 锅

做法

1 / 取一个汤锅，加水煮开后，放入鸭肉氽烫 2 分钟，取出冲水洗净。

2 / 将盐水鸭卤水煮沸后，放入鸭肉，转小火让卤汁保持略微沸腾的状态，约 50 分钟后熄火，让鸭肉浸泡 10 分钟后，即可取出切片食用。

盐水鸭卤水

卤包材料 / 八角 10 克，沙姜 15 克，花椒、甘草各 5 克，小茴香 3 克，陈皮 8 克

卤汁材料 / 葱 30 克，姜 20 克，水 2500 毫升，白糖 120 克，料酒 200 毫升，盐 75 克

做法

1 / 将所有卤包材料装入棉质卤包袋中，再用棉线绑紧，即为盐水鸭卤包。

2 / 取一个汤锅，先将葱及姜以刀背拍松，放入锅中，再加入适量水，以中火煮至水烧开。

3 / 将料酒倒入锅中再次烧开，加入白糖、盐及盐水鸭卤包，转小火煮沸约 5 分钟，至香味散发出来即可。

桂花鸭

材料 / 全鸭 1 只，桂花卤汁 1 锅

做法

1 / 全鸭收拾好，洗净后沥干，备用。

2 / 将桂花卤汁煮至沸腾后，放入洗净的全鸭，转小火煮至沸腾后，续卤约 20 分钟后熄火，再盖上锅盖浸泡约 30 分钟，最后取出切片即可。

桂花卤汁

卤包材料 / 草果 1 颗，八角 3 克，桂皮、甘草各 4 克，桂花少许

卤汁材料 / 葱 40 克，姜 100 克，大蒜 15 瓣，红辣椒 5 个

调料 / 水 1200 毫升，绍兴酒 200 毫升，酱油 400 毫升，白糖 100 克，葱、姜各 20 克，色拉油少许

做法

1 / 草果拍碎后，和其余卤包材料一起放入卤包袋中包好，制成卤包，备用。

2 / 葱和姜洗净，沥干后拍松，备用。

3 / 热锅，倒入少许色拉油，以小火爆香葱、姜后，放入调料中的水煮至沸腾，再放入剩余卤汁材料、剩余调料和卤包，转小火续卤约 5 分钟，至卤汁散发出香味即可。

烟熏鸭翅

乌龙茶的味道化为一团清烟，
一丝一缕地流入鸭翅中，深化了它的味道，
吃上一对儿，生出醉意。

材料 / 鸭翅 10 只（约 300 克）

调料 / 白糖 15 克，乌龙茶叶 5 克，烟熏卤汁 3000 毫升，香油适量

做法

1 / 取一炒锅，铺上铝箔纸（材料外）。

2 / 在铝箔纸上撒上白糖。

3 / 再撒上磨碎的乌龙茶叶。

4 / 架上铁网架（材料外）。

5 / 放上卤好的鸭翅，盖上锅盖，转中火，加热至锅边冒烟后改小火，焖约 5 分钟后熄火，再闷约 2 分钟，打开锅盖取出鸭翅，最后刷上香油即可（卤制鸭翅：煮一锅沸水，放入鸭翅汆烫约 1 分钟，捞出，放入冷水中洗净，拔除鸭翅细毛；将烟熏卤汁倒入汤锅中，先以大火煮至沸腾，再放入洗净的鸭翅，改小火保持沸腾状态约 50 分钟后熄火，盖上盖子，以余温浸泡约 20 分钟，捞出鸭翅沥干即成）。

小话啤酒

啤酒与黄酒、葡萄酒并称为世界三大古酒，其原料为大麦、酿造用水、酒花、酵母、淀粉质以及糖类等。

关于啤酒的起源，据最古老的酒类文献记载，在公元前6000年左右，古巴比伦人用黏土板雕刻了用于献祭的啤酒制作方法。两千年后，在美索不达米亚地区已有用大麦、小麦、蜂蜜等制作成的16种啤酒。公元前3000年左右，苦味剂开始添加应用。而西欧人的啤酒酿制技艺是由埃及通过希腊而传入的。1881年，汉森发明了酵母纯粹培养法，使啤酒酿造从经验主义走向科学化、标准化。后来随着蒸汽机的广泛应用，啤酒实现了工业化生产。

啤酒传入中国是在19世纪末。1900年，俄国人在哈尔滨市建立了第一个现代化的啤酒厂——乌卢布列夫斯基啤酒厂。如今，我国已成为世界上最大的啤酒生产国之一，品牌超过1500个，其中著名的有青岛、雪花、燕京、珠江、哈啤等。

啤酒除了直接饮用可解暑降温外，也可以当作一种调料用于烹调中。用啤酒替代水来进行调味和烹煮，不但可有效去除肉的腥膻味，而且其所含的蛋白酶可使肉变得松软鲜嫩。

以啤酒入菜，别有风味，其特点是酒香浓郁，质地软嫩，口味鲜美，色泽清雅。如今与啤酒相关的菜品有很多，比如啤酒鸡、啤酒鱼、啤酒蟹、啤酒焖牛肉等。其中，啤酒焖牛肉是英国名菜，肉质鲜嫩，异香扑鼻。

啤酒卤鸭

材料 / 鸭肉 900 克，姜片 15 克，大蒜 6 瓣，花椒粒 15 克，葱段 30 克，啤酒 1 罐，水 1200 毫升，色拉油 30 毫升

调料 / 酱油 50 毫升，白糖 5 克，鸡精 2 克，盐 3 克

做法

1 / 鸭肉洗净后，放入沸水中汆烫约 3 分钟后捞起。

2 / 热锅，倒入色拉油，再放入姜片、大蒜、葱段和花椒炒香。

3 / 放入汆烫后的鸭肉翻炒约 3 分钟后，倒入啤酒拌匀，最后放入所有调料、水煮沸后，转小火煮约 1 个小时即可。

还是爱吃白切鸡

北方烧鸡重渲染，
南方卤鸡多留白，只为寻鲜。

关于卤鸡，其渊源可追溯到战国时期楚国的宫廷名菜“露鸡”。古文字学家郭沫若在《屈原赋今译》中将“露鸡”解作“卤鸡”。卤鸡，选用嫩母鸡，投入五味调和的卤汁中煮熟即成，经历代相传而成为宫廷及民间的一款佳肴。在其演化过程中又分为红白两种制法，红者为烧鸡，白者即为白斩鸡。

喜咸香的北方人掌握了烧鸡的秘诀，而白斩（切）鸡则是追求清淡的南方人的拿手戏。北方人制作烧鸡时，多先用饴糖上色，后入锅过油，再放入用十几或是几十种香料调好的卤汤中焖煮，其中精髓便是这煮鸡的“老汤”，老汤的时间越长，这鸡的香味就越醇厚。其中代表的有河南滑县道口烧鸡，以八料加老汤卤鸡，风味独特，其色、香、味、烂被称作“四绝”；山东德州扒鸡，以肉烂脱骨而为人称道；辽宁沟帮子熏鸡以烟熏味为特色，色泽枣红，回味无穷；安徽符离集烧鸡始于汉代，鲜味醇厚，齿颊留香。

相较于色重、味浓、软烂的北方烧鸡，求“鲜”的南方人在烹煮时不加诸多调料，因此白斩鸡会显得生素寡淡。白斩鸡，袁枚《随园食单》称之为“白片鸡”，《调鼎集》一书中记载了两种制法：“肥鸡白片，自是太羹元酒之味（指原汁原味），尤宜于下乡村，入旅店，烹饪又及时最为省便。又，河水煮熟，取出沥干，稍冷，用快刀片取，其肉嫩而皮不脱，虾油、糟酒、酱油俱可蘸用。”

在上海，白斩鸡因选用本地饲养的浦东三黄鸡（脚黄、皮黄、嘴黄）卤制，故又称三黄油鸡。其最初流行于清末浦东的乡间酒馆，店家依据客人需求，推出了白煮而成、随点随斩的冷盆“白斩鸡”。后来随着各个饭店和熟食店的普遍供应，不仅在用料上愈加考究、精细，还将熬熟的虾子酱油随鸡肉一起上桌，供顾客蘸食。上海白斩鸡在20世纪40年代开始真正兴盛起来，其中必须得提到一位被大家唤作“小绍兴”的青年。一天，为捉弄经常来吃白食的警官，他使坏将原本已烧好的鸡肉放入冷水中，却阴差阳错地成就了皮脆肉嫩、更为鲜美的白斩鸡。如今，在上海，有上千家店铺经营白斩鸡，但人们口中总会念叨着：说起白斩鸡，要数小绍兴。

和上海白斩鸡极其类似，在广东，人们习惯称之为“白切鸡”。相较下，粤式白切鸡的妙处在于，其一，在于鸡是“浸”，而非“煮”。所谓“浸”，即用烧得将开未开、刚冒起小泡泡（形似虾眼）的水浸没鸡身，浸约五分钟后，提起鸡身控水，然后再放入水中浸泡，如此者反复三次即可。其二，蘸料恰到好处，而且种类很多，比如姜汁、蒜蓉、葱汁、葱油汁和酱汁等。

▼
北方人出远门，包袱里多会带只烧鸡。

在广东，有一句话叫“无鸡不成宴”，这“鸡”指的就是白切鸡。白切鸡也是粤菜中最普通的菜式，似乎人人都爱吃，家家都会做。其中代表的有，广州清平白切鸡、湛江白切鸡和茂名水东白切鸡。清平白切鸡以清远麻鸡为材料，先用陈年卤水浸熟鸡肉，再用凉卤水过冷，吃起来“皮爽肉滑，骨都有味”。湛江白

白斩鸡

烹饪白切鸡的秘诀在于温吞地“浸”，
完整地呈现鸡肉的美味，再调一料汁蘸食，
食一块儿肉，生出满口鲜。

材料 / 土鸡 1 只，姜片 3 片，葱段 10 克

调料 / 米酒 15 毫升

酱料 / 鸡汤 150 毫升，素蚝油 50 毫升，酱油、白糖、香油、蒜末、红辣椒末各少许

做法

1 / 土鸡处理干净后，放入沸水中稍汆烫，再捞出沥干，备用。

2 / 将汆烫后的土鸡放入装有冰块的盆中，冰至整只鸡外皮完全冷却后，取出放入锅中，再放入米酒、姜片及葱段，以中火煮约 15 分钟后熄火，盖上锅盖续闷约 30 分钟。

3 / 将鸡汤加入其余酱料调匀，即为白斩鸡酱。

4 / 将闷熟的鸡肉取出，待凉后切块盛盘，食用时搭配白斩鸡酱即可。

切鸡则选用肉质结实的项鸡和骟鸡，与葱油味的清平鸡不同，多用沙姜蒜酱或者豉油作蘸料。茂名水东白斩鸡历史相当悠久，可追溯到 600 年前明代水东圩初建之时，经“鸡饭潘”和“鸡饭明”在选鸡、制作、配方和作料等环节革新后，制作出的白斩鸡不腻不涩、嫩滑甜水，有一股特别的香味。

福建客家人也有吃白斩鸡的传统。它是必备菜，否则不排场。由于他们多聚居于山高水冷之地，地湿雾重，因此姜汁白斩鸡较为普遍，其中汀州白斩河田鸡最为著名。不同于沪式、粤式白斩鸡，制作白斩河田鸡时，首先需取少许食盐将清洗干净的生鸡涂遍全身表里，腌渍一小时，入味后将整只鸡放入盆内加盖，上冷水蒸锅密封，蒸约一个小时，取出放凉，斩块装盘，佐以调好的姜葱汁即可。

汀州白斩河田鸡因其香、脆、爽、嫩、滑和易脱骨为人被称道，其鸡头、鸡爪、鸡翅尖更是下酒好料，民间有“一个鸡头七杯酒，一对鸡爪喝一壶”之说，由此足见它的美味。

白斩文昌鸡，在海南尤其在文昌，是一道宴请宾客、表达盛情的必备佳肴。文昌鸡个体不大、身圆股平、皮薄滑爽、肉质肥美，白斩最能体现其鲜美嫩滑的本质，是海南人的传统吃法。在海南，人们习惯把白斩鸡和用鸡油、鸡汤精煮的米饭搭在一起，俗称“鸡饭”。所以，海南人说“吃鸡饭”便已包含白斩鸡了。

白斩文昌鸡和沪式、粤式白斩鸡的烹调手法很类似，但作料却大不相同，其主要由姜蓉、蒜泥、白糖、白醋、精盐和海南野生橘子汁制成，另有辣椒酱备用。如此一番“酸甜”风味，我想这大概是其能够走红东南亚、走上新加坡国宴的理由吧。

葱油鸡

材料 / 土鸡腿 1 只，葱丝 30 克，姜丝 20 克，红辣椒丝少许，温开水 45 毫升，热油 30 毫升

调料 / 盐 8 克，白糖 2 克，蚝油 5 毫升

做法

1 / 将鸡腿放入沸水中稍氽烫后，捞出洗净，备用。

2 / 煮一锅水，放入鸡腿煮至沸腾后，转小火泡煮约 15 分钟，再盖上锅盖焖约 10 分钟，然后取出鸡腿，泡入冰水中至完全变凉后，取出切块盛盘，备用。

3 / 葱丝、姜丝、红辣椒丝混合拌匀，备用。

4 / 将温开水及所有调料混合拌匀后，淋入泡凉后的鸡腿上再倒出，如此重复数次，再往鸡腿块上摆入葱丝、姜丝、红辣椒丝，最后淋上热油即可。

文昌鸡

材料 / 熟白斩鸡 600 克，葱 30 克，姜 30 克，大蒜 30 克，辣椒 20 克，香菜 10 克，水 200 毫升

调料 / 盐、鸡精、白糖各 5 克，白醋 15 毫升，香油 30 毫升

做法

1 / 将熟白斩鸡切成小块状后摆盘，备用。

2 / 葱、姜、大蒜、辣椒、香菜均洗净后切末，与水和所有调料一起煮匀后，即为文昌酱。

3 / 将文昌酱趁热淋在熟白斩鸡块上，略泡即可。

小话鸡爪

鸡爪，即鸡脚，在美食家的菜谱上多以“凤爪”亮相。对于中国人来说，鸡爪是盘腿看电视、逛街休闲时的嘴边零食，也是树下桌边的下酒菜；可以摆在江湖的酒桌，也可以登上庙堂的宴席。

从北到南，从东到西，每个地方的人都能端出一盘特色风味的鸡爪。

在北方，人们习惯的鸡爪多是由香葱、姜、八角、花椒、肉桂、陈皮、丁香混老汤卤制的五香味。不过，东北人还特别喜欢用白糖、酱油或者甜辣酱搭配老汤的酱卤鸡爪。

善制酒的绍兴人和好糟食的上海人在卤制时，用两次加料和糟卤打造出独特的醉鸡爪。

嗜辣的四川人将用葱、姜、花椒、八角和黄酒等调料卤好的凤爪，放入兑好的泡椒水中，泡制两天即可。在口感的把握上，成都泡椒凤爪味道鲜美、清爽，绵竹清道凤爪吃起来鲜辣脱骨。

若到广西柳州，在街边摊前唆一碗酸辣粉的同时，你一定要再买上两个凉拌酸辣鸡爪搭配，如此才能好好地品味一下柳州的酸辣。

广东人爱吃鸡爪，且善制鸡爪。虎皮凤爪以鸡爪、花椒、桂皮和少许盐等制作而成，皮酥肉嫩，颇有嚼劲；蚝皇凤爪的制作

▲
一边大啃鸡爪，一边小酌清酒，这般“简直了”的生活。

相当复杂，先将卤煮过的鸡爪涂抹一层老抽，晾干后下锅油炸，捞出放入炖锅，小火慢炖。在广州，人们常吃仅以酸甜汁调味，似山水豆腐般清淡的白云凤爪；而梅州的客家人先将鸡爪放入加了葱段、姜片和料酒的花椒卤水中浸泡，后入沸水焯，捞出沥干水分，再用盐焗鸡粉和麻油拌匀过夜腌渍，第二天先上笼蒸，后入烤炉中烘烤。

在福建泉州，洪濑鸡爪是最受欢迎的下酒佐食。洪濑鸡爪始于杨贻庆，后经百年的传承和创新，吸收各地卤味之所长，口感日渐丰富，风味更加独特。

药膳鸡爪

材料 / 药膳卤汁 1500 毫升、鸡爪 10 只

做法

1 / 鸡爪去趾甲后，放入沸水中汆烫，再捞起洗净沥干。

2 / 将药膳卤汁煮至沸腾后，放入汆烫后的鸡爪，转小火煮约 12 分钟，再熄火浸泡 10 分钟即可。

药材的精华借着水火相济之力缓缓地流入食物中，美味的食物敛去了药材的苦涩，又多了一份药力，食在好味道，食在好健康。

药膳卤汁

卤包材料 / 黄芪、桂皮各 10 克，当归 8 克，川芎、熟地、陈皮各 5 克，甘草 15 克

卤汁材料 / 姜 20 克，水 1500 毫升，酱油 200 毫升，盐 3 克，白糖 50 克，绍兴酒 100 毫升

做法

1 / 将所有卤包材料装入卤包袋中绑紧，制成卤包，备用；姜洗净拍松后，放入汤锅中，倒入水煮至沸腾后，再倒入酱油。

2 / 待再次沸腾时，放入白糖、盐及卤包，转小火煮至沸腾后，继续煮约 5 分钟至有香味散出来，最后倒入绍兴酒拌匀即可。

焚香自叹盼牛肉

刀一动，香满溢，
舌生津，口水滴。

跑堂伙计进来说：“掌柜的，又有人要酱牛肉。”那文拿起一盘递给伙计。伙计说：“两盘。”那文又递给他一盘。那文说：“先生，这牛肉你是怎么做的？味道可是真美！”

——《闯关东·朱记酱牛肉》

在北方，每逢大年初一，几乎每家每户都会备上一盘酱牛肉作为下酒菜，招待来家拜访的街坊邻居。一大早一家家访个遍，多少杯白酒和多少“硬气菜”伴着主人的热情被填入肚子里，回到家里倒头就睡，直接略过中午饭，到傍晚醒来，嘴巴里还能咂吧出“百家饭”的余味。

酱牛肉，多用传统的五香制法，色泽酱褐，软烂适中，颇有嚼头，香味醇厚且清新。在食材的选用上，不同于红烧、清炖，倾向于筋少、油花多、肉多的牛腩（其中牛里脊肉最好），酱制则偏爱牛腱子（牛大腿部分的肌肉），筋肉多、油脂少、硬度适中、纹路规则。

酱牛肉，一般认为始于清代中期的河北沧州人刘禄。其做法是，先将洗净的牛肉放入清水锅中煮，至五分熟后，将装有大茴香、砂仁、橘皮、丁香、姜片、肉桂等香料的纱布包和白糖、酱油、盐一齐放入锅中。待汤沸时，改小火焖至牛肉软烂入味即可出锅装盘。

为牛肉上色，除了用酱油，还可以用黄酱、豆瓣酱、辣椒酱、甜面酱、西瓜酱等替代。

说到京味酱牛肉，其中代表则是善烹牛肉的月盛斋。民国初的《道咸以来朝野杂记》曾写道："正阳门内户部街路东月盛斋所制五香酱牛羊肉，为北平第一，外埠所销甚广。"

京味酱牛肉色泽淡雅，恰当地保留了牛肉的原有香味，而且因使用了六必居特产的黄酱而带有一股特殊的酱香。如此色淡且入味，那么在食材的选择、酱制的功夫等方面都要十分讲究。

北京酱牛肉，与传统的北方酱牛肉相比，它色淡味轻、鲜，似乎有点离经叛道。扬州卤牛肉，则恪守着作为一道淮扬菜的本分，淡雅、讲究。

扬州人在卤牛肉时，先将牛腱肉用花椒和盐腌渍半日；接着用盐、生抽、老抽、八角、花椒、香叶、草果、胡椒、姜粉和糖搭配调制卤汁；然后将腌渍好的牛腱肉入沸水，加姜片和料酒去血腥后捞出，用清水洗净沥干备用；最后将卤汁倒入锅中烧开后，放入牛肉，加料酒，大火煮开约 15 分钟后，转小火焖煮 1.5 小时，捞出放置冷却即可。

鲁迅先生曾写道："不在沉默中爆发，便在沉默中死亡。"

一盘沉默的扬州卤牛肉，纯净美好的味道，是你在不语时也放不下筷子的理由。

同为沉默，扬州卤牛肉是雅致地沉默，而平遥酱牛肉则是质朴地沉默。有人曾对刚出锅的平遥牛肉这样形容：刀不动，香不逸；刀一动，香满溢；舌生津，口水滴。平遥牛肉让山西人自豪，在山西民歌《夸土产》的首句夸的便是“平遥的牛肉太谷的饼”。

关于如何酱制一锅色泽红润、品相诱人、口感鲜嫩的牛肉，在当地人中曾流传这样一句话：“水深要把肉漫到，汤沸锅心冒小泡。”

另外，相较于其他地方在制作酱牛肉时为追求牛肉口感的鲜嫩，一般不会选用老牛；而平遥人却反其道而行之，偏爱老牛，且牛越老，做出来的酱牛肉就越香，保存的时间也越长。这大概是平遥人烹饪的自负之处。

有些人偏爱沉默，而有些人则需火辣伴随。提到火辣，便想到四川。而说到火辣的牛肉，不得不说有着悠久烹制牛肉历史的自贡。

自贡是一座由井盐催生出的城市，有着长达两千多年的制盐史，在以牛为劳力提取卤水的两千多年里，一道又一道与牛相关的美食诞生在盐工的蒸坊里，水煮牛肉、火边子牛肉、红烧牛肉……

其中红烧牛肉是盐工菜的传统代表，酱红的色泽、咸辣的味道，如此的重口味牛肉更能刺激盐工的胃口，更能下饭，从而更好地补充能量，以满足辛苦劳作的体力消耗。盐工们在制作这道菜时，先将洗净的牛肉入沸水汆烫，捞出沥干；将白萝卜洗净切块备用；接着将豆瓣酱、干辣椒、花椒放入油锅爆香，再倒入汆烫好的牛肉和白萝卜块，加清水烧开后，小火慢煨。当然还得加入他们亲手制作的盐。

最后，一路向北，来到东北延边，说说当地的朝鲜族酱牛肉。其特点在配菜方面，相当地丰富和花哨。在我的理解，它还充斥着些许童趣。

如果要做上一地道的朝鲜酱牛肉，必不可少的食材有：牛腿肉、酱油、辣椒、小土豆和鸡蛋。做法是，先将牛腿肉洗净、斩块，放入冷水中浸泡半个小时，捞出放入锅中，加水没过牛肉，大火烧开后转小火炖，其间要撇去表层的浮沫；炖约 30 分钟后，放入 6 大匙酱油，大火烧开后转小火，半个小时后放入预备好的土豆块；再过半个小时后放入辣椒和剥了皮的熟鸡蛋。最后，再炖上半个小时即可关火。为保证牛肉能更好地入味，可以在熄火之后闷上 30 分钟。

为什么说这是道充满童趣的卤味？原因就在于那圆圆的小土豆和圆圆的鸡蛋。其实留心一下，你就会发现，小土豆和鸡蛋在孩子那里是最受欢迎的。而如果身边成年人朋友有哪位特别爱吃这两种食物，一般都会被调侃：没长大。所以用小土豆和鸡蛋这两种软食材去组合搭配“硬”牛肉，不得不说，挺有趣！

红烧牛肉

材料 / 牛腩 600 克，白萝卜块 200 克，市售卤包 1 包，胡萝卜块 150 克，姜片 15 克，月桂叶 3 片，色拉油 30 毫升，水 800 毫升

调料 / 料酒、酱油各 45 毫升，糖 5 克，盐 1 克

做法

1 / 将牛腩洗净，切块后汆烫；白萝卜块、胡萝卜块均汆烫，备用。

2 / 热锅，加入色拉油，将姜片爆香，加入牛腩块略炒，再加入水和所有调料翻炒均匀。

3 / 加入适量水烧开，加入月桂叶及卤包，盖上锅盖，以小火卤 40 分钟。再放入白萝卜块、胡萝卜块，以小火卤约 30 分钟至软烂，再焖 10 分钟即可。

辣卤牛腱

材料 / 牛腱肉 600 克，辣味卤汁 1000 毫升

做法

1 / 将牛腱肉去除筋膜后洗净，放入沸水中汆烫去血水（可用筷子插入测试是否还有血水）。

2 / 接着捞起、泡入冷水中，并用手略搓洗干净，备用。

3 / 取深锅，倒入辣味卤汁、洗净的牛腱肉，盖上锅盖以小火煮约 30 分钟，待牛腱肉变软后，关火让牛腱肉泡在卤汁中 1 个小时，食用前再取出切片、盛盘即可。

辣味卤汁

材料 / 葱 20 克，姜 30 克，红辣椒 1 个，色拉油 30 毫升

调料 / 辣椒粉 5 克，酱油 100 毫升，米酒 20 毫升，水 500 毫升

做法

1 / 葱、红辣椒均洗净、切段；姜洗净切片，备用。

2 / 取锅，倒入色拉油烧热后，放入葱段、红辣椒段、姜片炒香。

3 / 另取深锅，放入所有调料和做法 2 炒香的材料，盖上锅盖，以小火煮至沸腾即可。

酱牛腱

材料 / 卤好的牛腱 2 块（约 1200 克），小黄瓜 1 条

调料 / 红卤汁适量

做法

1 / 将小黄瓜洗净，切片备用。

2 / 取一锅，倒入红卤汁煮沸后，将卤好的牛腱放入锅中，改转小火持续炖煮，期间要不时翻动牛腱，使其能均匀受热。

3 / 煮至汤汁蒸发、略收干呈浓稠状时，放凉后切片，再淋入锅中剩余的卤汁，最后放入小黄瓜片装饰即可。

小话柱侯

岭南人善制酱，很早便掌握了制酱的秘诀。日子一天天过去，他们对于酱的领悟也越来越深，蚁子酱、虾酱、牛肉酱皆是他们的发明。相较之下，柱侯酱则稍显年轻，仅有着不到200年的历史。

相传清嘉庆年间，在佛山祖庙附近，有一位名叫梁柱侯的小贩儿摆了一家专卖牛杂的摊位。他用自己研制的酱汁来浸煮牛杂，其吃起来软烂浓郁，齿颊留香，颇为食者称道。他也因此被三品楼的老板看中，聘为司厨，专做卤肉食品。后来，他在总结平时牛杂用酱的基础上，配制出一种用途更广、风味更好的酱料。它可以用来烹制鸡、鸭、猪等畜禽肉和鱼虾等海鲜，还可以供以佐食。

在当时，色泽金黄、香味浓郁的柱侯鸡是三品楼的招牌菜，为食客们所追捧。清胡子晋在《广州竹枝词》中写道："佛山风趣即乡村，三品楼头鸽肉香。听说柱侯成秘诀，半缘豉味独甘芳。"柱侯酱，以大豆、面粉为主要原料，经制曲、晒制后成酱胚，并混以蒜蓉、白糖、生抽、芝麻油、八角等原料，经蒸煮而成。其酱色红褐、味浓郁，口感醇厚、香甜适中、鲜甜甘滑，适于烹制各种肉类，素有"烹肉大师"的美誉，是调馔中的上乘酱料。柱侯酱是粤菜中一种很重要的调味料。其食用方法多种多样，在烹制中相当随和、包容，简直就是作料界的一位"好好先生"，几乎和任何调味料都能够搭配组合。

▼
肉以柱侯烹，
味道之丰腴正好。

粤菜中，有很多柱侯菜式，除了柱侯鸡外，还有柱侯牛杂、柱侯鹅、柱侯猪手、柱侯鸭等。当然，精于进补的广东人在冬天烧狗肉时，柱侯酱也是一位主角作料。

柱侯卤牛腱

牛肉由着浓郁的柱侯酱汁慢慢勾勒，
其色泽愈发地清亮，其香味也愈发地醇厚，
细嚼之，还有一丝甘味儿生出。

材料 / 熟牛腱肉 400 克，白萝卜 150 克，葱 10 克，姜末、蒜末各 3 克，牛肉汤 1000 毫升，水淀粉 30 克，色拉油 15 毫升

调料 / 柱侯酱 5 克，绍兴酒 5 毫升，白糖 15 克，蚝油 15 毫升，盐 2 克，香油少许

做法

1 / 白萝卜洗净去皮、切滚刀块后，放入沸水中氽烫至熟；熟牛腱肉切块；葱洗净切段，备用。

2 / 烧热不锈钢锅，倒入色拉油，转小火炒香姜末、蒜末后，放入柱侯酱略炒，再放入熟牛腱肉块翻炒约 2 分钟。

3 / 然后放入牛肉汤、绍兴酒、白糖，煮至沸腾后，转小火保持微微沸腾状态约 20 分钟，再放入白萝卜块及蚝油、盐，约卤 15 分钟。

4 / 待锅内的汤汁略低于熟牛腱肉块和白萝卜块时，即以水淀粉勾芡，最后滴上香油、撒上葱段即可。

家常还是红烧肉

有一碗红烧肉，
可瞬间融化少年之烦恼。

对于一直以食猪肉为主的中国人来说，红烧肉绝对是一道最常见的菜肴。说到红烧肉，不同的人有着不同的记忆。而我时常会想起童年夏日的午后，那个因淘气被打的，和我同龄的叔叔，混着泪与土的花老包儿，独自坐在石磙上大口啖着红烧肉……

考究红烧肉的历史，虽很难有人说清究竟是何人在何地于何时发明了它，但点亮它光环的苏东坡，想必大家都不陌生。

有人说，眉山是一座你来了就不想走的城市，泡菜、冻粑、高庙白酒、仁寿枇杷、峨眉糕、彭山葡萄……眉山是苏东坡的故乡，多样的美食，淬炼了他饕客的味蕾，让他精于吃；同时也启蒙了他美食家的天赋，使他善制吃。眉山成就了苏东坡一生在美食的领域里细细耕耘，而苏东坡也以一席丰盛的东坡宴回报了家乡，东坡肉、东坡鱼、东坡肘子、东坡羹……

东坡肉是苏东坡谪居黄州时所创，因“黄州好猪肉，价钱等粪土。富者不肯吃，贫者不解煮”，而选取肥瘦兼有的带皮猪肋条肉（五花肉），以葱、姜、黄酒、酱油等佐之，并强调“慢著火，少著水”，烧好的东坡肉肉嫩皮薄，色红味醇，且酥烂而形不散。

东坡肉伴随着苏轼的谪迁，去过黄州、徐州和杭州。其中，东坡肉在杭州的影响最大。当时，苏轼发动当地群众，除葑田，疏湖港，筑堤建桥，畅通湖水，既使西湖娇容重现，又为百姓带来水利之便。为表感谢之意，老百姓在听闻苏轼好食红烧肉后，便在春节时不约而同地送去猪肉。苏轼索性让家人按其烹饪方法，将送来的猪肉烧制后分给百姓。红烧肉可口美味，百姓称赞不已，于是竞相去请教其烹饪之法。后来，家家户户便都会制作东坡肉，相沿成俗，如今东坡肉已成为杭州一道传统名菜。

红烧肉，在不同的地方有着不同的名字；不同地方的人对它有着不同的情愫。杭州人称为它为“东坡肉”，来寄托对苏轼的思念和爱戴；而福建客家人则取名为“封肉”，以讨一个吉祥如意的彩头。

在同安，无论人们是办喜事还是建新房，筵席桌上总少不了一份封肉。那里的人们有把封肉安排在筵席中段的风俗习惯，如果你吃到了封肉，那就说明筵席进程已过半了。

“封”字有丰富、丰盛的意思，甚至有“敕封”之意，象征着封官高升；同时也指在烹煮时，不掀锅盖，将食物密封在容器内，直至煲到烂熟。封肉有大小之分，小封肉的做法和北方人做家常红烧肉的方法很像，先入炒锅炒制并用糖上色，后加入水和调料炖煮；大封肉的制作则和东坡肉类似，直接将蹄髈或大块五花肉同调味料一起入砂锅，以黄布巾包裹密封、小火卤制，后可配入鲜笋、香菇、板栗或者虾米等。

后来，封肉也被许多老华侨带到了海外。逢年过节，他们便会制作封肉，和子孙后辈们一同品尝家乡的特色美味，以培养他们对故乡的亲近感。

在东南亚一些地方，红烧肉则化身成了“焢肉”。因与东坡肉相似，故又有“东坡焢肉”一称。虽如此称谓，二者还是有明显差别的。口感上，东坡肉讲究入口即化、酥嫩软烂，焢肉则追求软硬适中、颇有弹性；选材上，东坡肉选择了猪五花肉，而焢肉则选取猪后腿肉；在滋味上，东坡肉以酱油加绍酒炖煮，而焢肉则以当地产酱油卤制。

焢肉调料简单，做法方便。一般常见的做法是先将肉切成大厚块，腌渍半小时后入油锅略煎，再加入酱油、冰糖和其他调料用小火炖煮。因为要保持肉质的弹性，所以炖煮时间不宜过长。

一路向北，在中华烹饪鼻祖——彭祖的故里，徐州（古时称作彭城），这里的把子肉便是红烧肉的另一个独特化身。

“把子肉”一称的由来，则要追溯到东汉末年。当时刘备、关羽以及张飞三人，彼此惺惺相惜，决定义结金兰（俗称“拜把子”）。拜完把子后，三人也饿了，于是屠户张飞便将猪肉、萱花（黄花菜）和豆腐一起丢进锅里煮了，也就成了初级版的“把子肉”。后来，隋朝的一位山东籍名厨将此做法进行了完善，将带皮猪肉放入坛中炖，以秘制酱油调味，炖好的把子肉肥不腻、瘦不柴，色红味香，且价格公道，深受食客欢迎。如此做法和刘、关、张三兄弟结拜的故事结合，便成了风靡至今的把子肉。

地处苏、鲁、豫、皖四省交界的徐州，与济南相隔并不远，但两地烹制出的把子肉却差别很大。徐州人会先将腌渍了一整天的五花肉块，抹上饴糖绛色，再往汤锅中添加黄豆芽汁、高汤以及香料包打底，以把子肉块为主食材，搭配的辅菜多种多样，有四喜肉丸、面筋、海带结、豆皮、腐竹、素鸡、黄花菜、排骨、肘子等。如此荤素搭配组合，可以满足顾客的不同饮食需求。

而济南人则选取肥瘦兼有的白条猪肉，切成长方形的大块，以蒲草束成一捆，入沸水锅中煮尽血水后，捞出放入加有水的高筒瓦罐中，不放盐，以酱油和八角调味，大火烧开后小火慢炖至软烂。如此烹得的把子肉肥而不腻，虽以浓油赤酱卤制，但并不咸，且非常下饭。

说完把子肉，济南还有坛子肉。而说到坛子肉，除了北方的济南，往南到湖南长沙，再转往西南至四川汉源，你又尝到不同特色的风味……

红烧肉，几乎在中国的每一个地方都有它的身影。来自不同地域，有着不同风俗习惯的人们以自身的性格给予了它不同的称谓、塑造了它不同的形态，而它也不负期望地代表着它的家乡。于是，归来的你便说，我刚刚吃过东北的红烧肉……

东坡肉

材料 / 带皮猪五花肉 500 克，葱段 30 克，姜片 20 克，草绳多根，水 400 毫升

调料 / 酱油 200 毫升，黄酒 200 毫升，白糖 30 克

做法

1 / 将草绳用热水泡约 20 分钟至软化，备用（也可用棉绳取代）。

2 / 带皮猪五花肉洗净，切成长宽各约 4 厘米的方块，依序用草绳以十字交叉的方式绑紧，备用。

3 / 煮一锅水，放入绑好的带皮猪五花肉块，汆烫至肉色变白，捞出沥干水；将五花肉块摆入锅中，放入葱段、姜片、水和所有调料，盖上锅盖，以中火煮至卤汁沸腾，转小火炖煮约 1.5 小时后熄火，闷约 30 分钟后，挑出葱、姜即可。

选带皮猪五花肉

五花肉又称三层肉，是猪的腹胁肉，属于猪肉各部分中肥瘦比例最接近的一部分，约为2 ∶ 3。正因为肥瘦适中，所以适合以炖煮等花费较长时间的烹饪方式制作。炖煮后，油脂融在汤汁中，正好被瘦肉部分吸收，呈现出恰到好处的不油、不涩的口感。

添加黄酒增香

东坡肉的制作跟其他卤肉的不同点在于，东坡肉添加的是黄酒，而其他卤肉大多添加料酒，酒类不同，味道就会差很多。因此，要是对卤肉很讲究的话，就应该使用黄酒，其释放出来的香浓味，既经典又正统。如果一时找不到黄酒，降低要求用料酒替代也是可以的。

绳子烫过增韧

用来绑肉的绳子，可以是草绳，也可以是棉绳。草绳一定要先汆烫过才会有韧性。绑肉的目的是避免炖煮之后，肉质因太嫩而散开。卤制之前，一定要确定绑牢、绑紧，否则绳子松开，肉也跟着松散了。东坡肉需有入口即化、柔软细嫩的口感。

小火炖卤不老、不涩

不论是制作东坡肉，还是其他卤肉，用大火烧开后，就应该盖上锅盖，转小火再继续慢慢卤，长时间卤制是为了让肉入味。若以大火长时间卤下来，肉汁的水分会全部流失，肉吃起来又老又涩。只要保持汤汁微微沸腾状态，小火卤就行。

水量必须盖过肉

水量要超过肉的高度，是为了避免一部分肉浸在卤汁里，而有部分肉露在空气中，这样卤出来的肉味道不但不均，颜色也会有色差，既不美观又不可口。经过长时间地炖卤，如果水分蒸发太多，可以中途再加入热水续卤，但绝不能加冷水，否则会使肉皮发紧、鲜味不易释放而影响品质。

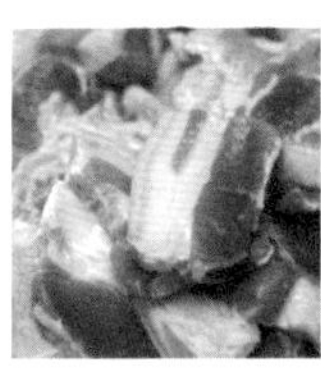

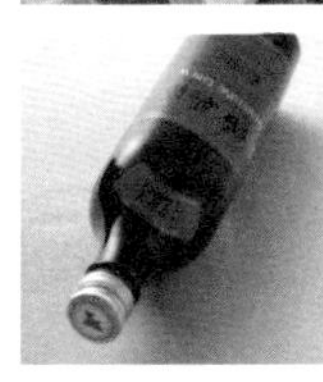
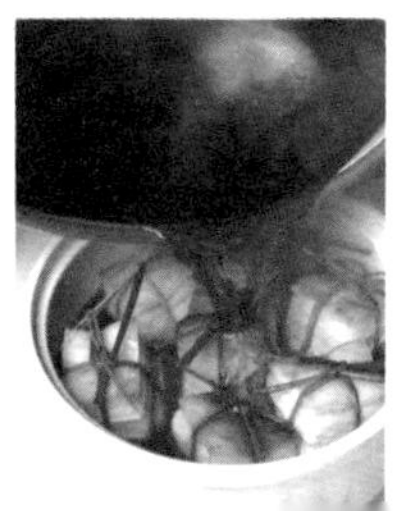

小话紫苏梅

紫苏梅，是指将紫苏和梅子以盐（最好是粗盐）和糖（冰糖、白糖、红糖皆可）长时间密封腌渍而成。

紫苏梅何时入馔不可考，但与紫苏梅相关的菜谱却是各式各样，其中以鱼为主食材的较多，如南瓜梅香鱼、北海梅香鱼、梅香咸鱼烧肉等，其次便是猪肉，如梅香糖熏烧肉、梅香肉卷等。关于紫苏梅的制法，《宁乡县志》有具体资料记载，而酷爱食梅子的日本人在《本朝食谱》中也有相关记述。

腌制紫苏梅的诀窍在于，腌制的梅子须有九分以上的成熟度，色黄者为佳；其次，为防止梅子变硬，糖一定要分批加入；最后，紫苏梅的口感一定要绵密。

以紫苏做菜有着相当悠久的历史。西汉枚乘在《七发》中有“鲤鱼片缀紫苏”之说，而《华佗传》中也有关于东汉广陵太守陈登嗜“生鱼脍炙”的记述，皆是用紫苏来去腥。后来，明徐光启也有此默契，他说：“叶可生食，与鱼作羹味佳。”叶，即紫苏叶。

此外，紫苏叶还可油炸后食用，日本人用面糊、紫苏叶等混刺身油炸而成“天罗妇”；在皖南山区，人们则喜欢用紫苏叶、南瓜叶、辣椒和山芋，和上面糊过油炸成“炸苏叶”，色泽金黄，入口脆香，且略带一丝苦味。而关于辣椒和紫苏叶，韩国人则认为两者搭配是最佳的天然钙源，因此烤肉店都会多备些辣椒叶和紫苏叶，以供客人包裹烤肉食用。

梅香卤肉

材料 / 猪五花肉 400 克，紫苏梅 10 颗，葱段 20 克，姜、辣椒片各 10 克，色拉油少许，水 300 毫升

调料 / 紫苏梅汁、酱油各 45 毫升，白糖 10 克，米酒 10 毫升

做法

1 / 猪五花肉洗净切小块；姜洗净切片，备用。

2 / 热锅，倒入色拉油，以小火爆香姜片、葱段、辣椒片后，放入猪五花肉块，转中火炒至肉块表面变白。

3 / 再加入紫苏梅、水及所有调料拌匀，盖上锅盖，以中火续卤约 30 分钟至肉块熟软，即可盛盘。

酱烧肉块

猪肉因青椒、红椒的点缀而清新不少，
还有洋葱、黄酒为其除腥，甜面酱为其添鲜。
有好味道，食者不得不贪嘴儿。

材料 / 猪五花肉块 450 克，洋葱 50 克，红甜椒、青椒各 30 克，水 1200 毫升

调料 / 甜面酱 45 克、黄酒 45 毫升，冰糖 30 克，酱油 30 毫升

卤包 / 八角 2 粒，桂皮、甘草各 5 克

做法

1 / 青椒、红甜椒均洗净切块；洋葱切块，备用。
2 / 热油锅，放入猪五花肉块和洋葱块炒香，再放入水、所有调料和卤包，以大火烧开，再转小火，盖上锅盖，炖煮 50 分钟。
3 / 起锅前，在锅中放入红甜椒块和青椒块，焖煮 1 分钟即可。

甜面酱是一种以面粉为主要原料，经制曲和发酵而成的调味酱料。北方人大多会在厨房里备上一罐，用来烹饪各种食材。山东人还喜欢在大饼上抹上一层甜面酱，然后卷着大葱吃。

五香焢肉

材料 / 猪五花肉 600 克、五香卤汁 600 毫升、色拉油 30 毫升

做法

1 / 猪五花肉洗净后切大片，用水略冲洗干净。热锅倒入色拉油，放入洗净的猪五花肉片，煎至肉片两面上色后取出，再放入五香卤汁中。

2 / 待五香卤汁煮至沸腾后，转小火续煮至猪五花肉片软烂入味即可。

五花肉经过长时间地卤煮之后，肉质较易变得松散，为了防止此现象发生，通常先将五花肉油炸或干煎过，再放入锅中卤，这样卤出来的五花肉口感既软烂又有嚼劲。

五香卤汁

材料 / 葱 20 克、姜 25 克、大蒜 5 瓣、水 500 毫升、色拉油 30 毫升

调料 / 酱油 500 毫升、冰糖 15 克、米酒 30 毫升、五香粉 2 克、白胡椒粉 5 克、八角 3 粒

做法

1 / 葱洗净切段；姜洗净切片；大蒜拍破后去膜，备用。

2 / 热锅，倒入色拉油，放入葱段、姜片、大蒜爆炒至微焦香，再放入所有调料炒香。

3 / 然后全部移入深锅中，加 500 毫升水煮至沸腾即可。

不念清白的猪蹄

猪蹄不论清白，
南方北方都有好味道。

说到卤猪蹄，很多人的脑袋里浮现出的都是“酱红色”“油腻”“五香”等字眼。为猪蹄酱上一层深红的外衣，以浓郁的香料去丰富猪蹄的口感，当然是好；但清清爽爽的颜色、简简单单的作料去点缀，未必道不尽其妙处。

为了证明卤猪蹄的“清白”，首先从广西陆川的一盘白切猪蹄开始。

也许是对陆川猪的自信，当地人在卤制卤水时，并没有加入任何卤料,只有一锅清水而已。不过,这水的利用也别有一番功夫。将去毛、去甲的猪蹄洗净后放入沸水中煮，之后放入清水中漂 1 个小时捞出；放砧板上用刀剖成两片、剔去猪骨；为防止猪肉变散，可先用竹片、麻绳绑好，再放入沸水中煮，但不能煮得太过软烂，捞出晾凉或放入冰箱中冷却。而白切猪蹄的搭配蘸料——盐碟也是一绝。先将大蒜切碎放入油锅中煸炒，再加入当地产的酱油、盐和一撮儿酸姜丝，翻匀即可。

同为一个“白”字，说说广东广州的白云猪手。

由于广东人喜欢吃肉多骨少的猪前蹄，故习惯称“猪前蹄”为“猪手”。白云猪手，因漂洗猪蹄的泉水取自白云山而得名。其传统做法是，将洗净的猪手斩件煮熟后，放到流动的泉水中漂洗一天，捞起后加入白醋、白糖和盐同煮，待冷却后再浸入清水中浸泡数小时即可。如此烹制的猪蹄，色泽晶莹剔透，味道酸甜适中，吃起来颇有嚼头，且完全没有油腻感，特别适合在炎炎夏日里食用，以此来唤醒“乏力”的胃。

广州有酸甜的白云猪手，潮汕有酸甜的菠萝猪蹄。在烹制菠萝猪蹄时，先将猪蹄过水焯烫备用，然后放姜片入油锅煸炒，再加入猪蹄、水、酱油，水开后小火稍焖；接着将菠萝块放入锅中，焖一个半小时；最后滴几滴白酒，加陈醋和少许白糖调味，稍焖后即可起锅。

这道菜因烹制时加入了酱油，所以色泽上并不白，如果非要和白扯上点关系，相较于北方的酱猪蹄来说，在作料的使用和口感的浓烈上倒是简单、白朴了不少。

最后的一份“白”则要落到广式白卤猪蹄上。

广东地区比较常见的卤水主要有两种，一种是加入了鹅骨、鹅油熬制的潮州卤水，一般用来卤鹅、猪肠；另一种则是广式白卤水，口味清淡且带有浓郁的中药材味，同时因卤水中不加糖色，色泽亮白，比较适合卤制猪蹄、鸡爪等。

白卤猪蹄色泽亮白，味道鲜美，口感滑爽、不油腻，生动地诠释了广东人对“鲜”和“淡”的追求，也反映了广东人精于药食搭配的养生智慧。

在卤制猪蹄时，长时间地炖煮，既可使当归、川芎等中药材和姜片、白胡椒等作料的味道完全地渗入猪蹄，又可使肉质变得软烂，同时猪蹄孜孜不倦地释放着丰富的胶质汇入汤中，使其变得更加浓郁，非常适合在寒冷的冬日进补食用。

说罢“清白”的卤猪蹄，转回来说说我们印象中不“清白”的卤猪蹄。

不“清白”的卤猪蹄，在北方一般称作“酱猪蹄”。在北方家庭中，酱猪蹄是一道家常菜，如果有时间，几乎家家都能做。所使用的作料基本都是酱油、盐、白糖、八角、干辣椒、花椒、小茴香和桂皮等，细心、有条件的人家还会添一些以前保存的老汤。慢火烹煮的猪蹄色枣红、肉酥软、味咸香，非常适合当作下酒菜。

酱猪蹄虽普遍，不过，在辽宁北镇却有一套别具风格的制作方法。相传它是由清朝道光时期的杨老汉一家发明并一步步完善而得来的。他们先用老汤、酱油、香油、盐、八角、花椒、肉桂、陈皮等作料烀制，后以白糖熏制，如此烹制的猪蹄，香味浓郁、色泽好、肉质雪白、皮筋熟嫩且油而不腻。

在湖南，有一道名菜叫“潇湘猪手”，与南方的“卤”关系不大，倒和北方的“酱”相近，同“东坡肉”则更近一些。

将猪蹄入沸水焯烫去腥臭的同时，也可使皮肉收紧，更筋道一些。稍待一会儿，将猪蹄斩件，放入六七成热的油锅中稍炸捞出。锅留底油，下入姜丝、葱花煸香，加入冰糖、绍酒、味精、盐、红辣椒、八角、香叶和酱油煸炒片刻，加入适量清水，烧开后放入炸过的猪蹄，中小火煨至猪蹄酥烂后，捞出放入砂钵。然后撒上胡椒粉、剁椒、花生米、葱丝、红椒丝、姜丝和适量调料，上笼大火蒸 15 分钟即可。

炸、卤、蒸，如此一番烹饪功夫，猪蹄自然好吃，不过这红辣椒和剁椒的轮番上阵，对于多数人都是一番挑战，得辣出多少唏嘘短叹的哀愁。

潇湘一词，最早见于《山海经 · 中山经》：“澧沅之风交潇湘之浦。”有人说，潇湘代表着湖南人的血性，潇湘猪蹄能让食者品悟湖南人的性格。

美食的象征意义不再论究，略说几句关于美食的成功学。《孟子 · 公孙丑下》中讲作战须讲究天时、地利、人和，如此才能获得成功。其实，一方美食的形成也是如此，比如隆江猪蹄。隆江镇地处龙江中下游，西北高，多丘陵。东南低，属冲积平原，地理条件优越，资源丰富。在古代，隆江一直是惠来县的一个重要滨海小港，商贸的发达吸引了来自四面八方的众多小商贩。也正是这些熙熙攘攘的众人，使得美味的隆江猪蹄随着他们的脚步越走越远，越走越“精神”。

隆江猪蹄的传统做法也颇有意思，先用火机将猪蹄全部烧过，以铁丝清洗，后切成大小四块，和老汤一起放入砂锅，中小火浸卤，至肉软烂，用铁叉捞起。其中老汤的熬制也颇为讲究，首先原料需新鲜，包括八角、草果、桂皮等；其次，老汤需一遍遍地反复熬制，中药材的细致处理、时间火候的准确把握才能保证其醇正的味道。如此卤制的隆江猪蹄光泽迷人，口感滑嫩，胶质浓郁，十分美味。

大米拌猪蹄最开始是古时隆江商贩们的早餐，如今已成为当地的一种习惯。猪蹄饭在我国南方地区颇为流行，其中名气较盛的还有万峦猪脚。

当下，特别想用“春风十里不及你”来形容万峦猪蹄。有多少人慕名去屏东万峦，不为那秀丽、怡人的好风景，只为能吃上一盘卤猪蹄。万峦猪蹄的独特之处在于，首先猪蹄要用 10 多种草药和香料腌渍；其次，烹煮猪蹄时，要把溢出的油汁收干，这样吃起来皮、肉、筋韧中有脆，爽口不油腻，再配上蒜蓉酱油蘸料，让人回味无穷，吃到完全停不下来。

说过了卤猪蹄的“清白”，也说过了卤猪蹄的不“清白”，再说说它的有趣之处。

有人说中华民族是最大胆、最直接的民族，总把“大富大贵”“功名利禄”挂在嘴边，连祝词也不例外，其实我倒以为这正是我们性格中的乐观、真实和可爱之处。

那么当猪蹄搭档人们嘴边的“功名利禄”，又会生出多少可爱和乐观呢？

山东胶东人的年夜饭桌中总有一盘卤猪蹄，当地人认为猪前蹄是搂钱耙，所以一般选猪前蹄卤制，象征着财源广进的意思。

对此，四川人也有同样的默契。在四川，猪蹄被叫作“抓钱手”，配上红火的辣椒，这“红红火火”的寓意便更加浓郁。因此，“麻辣卤猪手”也就成了一道四川人过年餐桌上必不可少的硬菜。同时，为了追求灌顶般的麻辣感，他们还会将辣卤好的猪手再次放入热油锅，另配以干辣椒和干花椒爆炒。如此一番烹制，让这团红火烧得更旺，也更令他们乐此不疲吧。

谈了“富”，再谈谈“贵”。在贵州青岩古镇，卤猪蹄有着悠长且蓬勃的生命，街道上到处飘散着它诱人的肉香味。这里的人们把卤猪蹄称为“状元蹄”。这“状元蹄”名字的由来，相传与赵以炯有关。为赴京赶考，他常常温习功课至深夜。一日，他来到一夜市食摊，点了盘卤猪蹄作消夜，摊主恭贺道：吃了这猪蹄，定能金榜题名，“蹄”与“题”同音，乃好兆头。后来他果然以状元及第夺魁天下。于是乎，这美味的卤猪蹄就和这美好的“状元”名号自然地结合了。

套用最近网上流传的一句流行语，“大富大贵”“功名利禄”之类的祝词是一定要说的，万一成真了呢？

广式白卤猪蹄

没有浓油赤酱重料的过分渲染，
猪蹄，不管是扮相还是味道均是一副“清白”。
多吃几口也不会起腻味。

材料 / 猪蹄1200克，葱段15克，姜片15克，水2000毫升，葱花、仔姜丝各适量

调料 / 米酒50毫升，冰糖8克，盐5克

卤包 / 当归10克，川芎10克，白胡椒粒10克，桂皮10克，月桂叶5片

做法

1 / 猪蹄洗净，放入沸水中汆烫至猪蹄表面变白后捞起，备用。

2 / 将汆烫后的猪蹄、葱段、姜片放入电饭锅内锅中，再放入米酒、水和卤包。

3 / 电饭锅外锅加入2杯水（分量外），按下蒸煮开关，煮至开关跳起后，再闷10分钟。

4 / 接着放入剩余调料，外锅再放1杯水（分量外），按下蒸煮开关，煮至开关再次跳起后，续闷10分钟。

5 / 将卤好的猪蹄取出，去骨、切小块后盛盘，最后放入葱花和仔姜丝即可。

红曲卤猪蹄

因为浓郁的红曲酱汁，菜色显得更加诱人，
猪蹄、胡萝卜和豆泡也亲厚了不少，互借着味道，
无论哪一口，都是对舌尖的馈赏。

材料 / 猪蹄 800 克，胡萝卜 500 克，豆泡 80 克，葱、姜各 20 克，水 1600 毫升，色拉油 60 毫升

调料 / 红曲酱 60 克，酱油 30 毫升，白糖 15 克，料酒 100 毫升

做法

1 / 猪蹄剁小块，放入开水中，汆烫约 3 分钟捞出，洗净沥干，备用。

2 / 胡萝卜洗净，去皮后切小块；豆泡洗净，沥干；葱、姜洗净后，以刀拍松备用。

3 / 取锅烧热，倒入色拉油，放入拍松的葱和姜，以中火爆香后熄火。

4 / 将爆香后的葱、姜与水一起放入汤锅中，再加入猪蹄块、胡萝卜块、豆泡及所有调料，以大火煮开后，改小火维持微微沸腾状态，加盖继续炖煮约 80 分钟，熄火，续闷约 30 分钟即可。

万峦猪蹄

工夫出佳肴。先冷冻，后油炸、卤制，
猪蹄吃起来弹弹的，滞于舌尖的香腴更加深刻，
让食者吃罢更留念想。

材料 / 猪蹄 2 只，葱 20 克，姜片 5 片，大蒜 10 瓣，香菜叶少许，色拉油 15 毫升，水 2000 毫升

调料 / 万峦猪蹄卤包 1 包，酱油 200 毫升，冰糖 30 克，盐 5 克，米酒 15 毫升

做法

1 / 将万峦猪蹄卤包、2000 毫升水、酱油、冰糖放入锅中，浸泡 20 分钟，备用。

2 / 猪蹄洗净，放入另一锅中，加水盖过猪蹄，与姜片一起煮到 80℃，去除血水及腥味后，捞起猪蹄，泡入冷水中约 30 分钟，再把细毛、角质刮除，并冲洗干净，然后放入零下 30℃的冷冻库，急速冷冻后，再取出备用。

3 / 将葱洗净后，切长段；大蒜拍松，备用。

4 / 另热一锅，放入 1 大匙油，放入葱段、姜片、大蒜爆香，再放入冷冻后的猪蹄油炸，加入盐、米酒调味，炸至猪蹄微微焦香后，盛出备用。

5 / 将装有万峦猪蹄卤包的锅烧热，再将油炸后的猪蹄放入，卤约 60 分钟后，取出切小块，盛入盘中，撒上少许香菜叶即成。

小话可乐

诞生于 1886 年美国佐治亚州亚特兰大的一间药剂店的可口可乐，以一个古怪得让人摸不着头脑的译名——蝌蚪啃蜡，第一次出现在 20 世纪 20 年代的中国上海各大小店铺，而后又不知何时便销声匿迹了。直到 1979 年，从香港发出的首批瓶装的“清爽可口、芬芳提神”（1979 年中国街头的可口可乐广告语）的可口可乐抵达北京，第二次出现在人们的视野中。一直到如今，这股来自大洋彼岸的红色风暴依旧风头正劲。

一开始，可乐在中国仅仅就是一种受欢迎的饮料，是人们在餐桌上吃得大汗淋漓、在运动场上打球尽兴后的随口饮料。可乐愉悦了中国人的味蕾，这一瓶瓶喝下去，中国人对可乐的感情也慢慢亲厚起来。烹饪美食是中国人表达感情的一种重要方式，于是乎，可乐也就顺理成章地进入了中国美食中。

广东人习惯在淋雨或是感冒后用可乐搭配姜，煮上一碗可乐姜丝汤。而之后无论是在喜甜的江浙，还是在嗜辣的蜀地；无论是在尚鲜的岭南，还是在偏咸的北方，更多与可乐相关的美食如雨后春笋般悄然出现，可乐辣豆腐、可乐黄花鱼、可乐鸡翅、可乐卤猪蹄……

可乐卤猪蹄的妙处在于，可乐中的碳酸就好像是为猪蹄“按摩”的精油，让猪蹄更加“放松”，在小火卤煮的过程中释放更多的胶质；可乐酱油般浓郁的色泽能很好地为猪蹄上色；同时，可乐还能很好地去除猪蹄的腥味，而且它的酸甜味道能使猪蹄口感更为醇厚且不腻。

可乐卤猪蹄

材料 / 猪蹄 800 克，葱 30 克，姜 20 克，可乐 1 罐，水 1000 毫升

调料 / 酱油 180 毫升，冰糖 15 毫升

做法

1 / 猪蹄洗净，剁小块；把水烧开，放入猪蹄块，汆烫约 10 分钟后捞出，沥干水备用。

2 / 葱、姜洗净、拍松，放入汤锅中备用。

3 / 将猪蹄块放入汤锅中。

4 / 倒入可乐、水和所有调料，大火烧开后，盖上锅盖。

5 / 转小火炖煮约 2 小时，至猪蹄块熟透软化、汤汁略微收干即可。

多吃排骨快长大

吃多少碗排骨，
才能让妈妈安心地放你飞？

中国人饮食一向是崇尚以形补形的，因此每家每户都会隔三岔五地炖上一锅排骨，既可以为正在长个子的孩子补充营养，也可以让辛苦劳作的大人很好地恢复体力。

在我的家乡，人们主要以两种方式烹饪排骨。平日里一般以酱制为主，排骨则选择猪肋骨。做法是先将洗净的排骨斩段，放入沸水中汆烫，后捞出冲去血沫。然后取炒锅，放油烧热，放入八角、花椒爆香后，下入葱花、姜片和排骨翻炒片刻，再加入酱油、豆瓣酱、干辣椒、桂皮、草果、盐和适量清水，大火烧开后转小火炖 1 个小时。出锅前淋上少量麻油和醋，撒上香菜即可。

“二十六，炖猪肉”是我们过春节的传统习俗。在这一天，每家都会在街头肉铺摊割上几十千克肉，回到家里，将骨头和猪肉分割开后，留下一些生肉用来做饺子馅和小炒肉，剩下的猪肉和猪骨头一并用来卤制。除了不放豆瓣酱和酱油，其他的和平日里没什么区别。做法就是将生肉和骨头先放入一个大盆水里浸泡 4 ~ 5 个小时，中间大概隔上 1 个小时需要换次水，这样才能逼出血水。之后将浸泡的肉和骨头直接放到冷水锅中，放入干辣椒、八角、花椒、桂皮、草果和盐（为保证汤的鲜嫩，盐一般都要少放），大火烧开后，转小火炖上一个半小时至筷子可穿透猪肉即可出锅。热腾腾的骨头，当天就吃掉。而卤肉和肉汤则一并盛出放入瓷盆中，卤好的肉以后用来做炖菜，招待上门的亲戚朋友，而卤汤则是最好的调味料，每次炒菜时，都要舀出一勺。如果逢上长时间的冷天，这盆汤能吃到农历二月里。

东北人是出了名的爱吃炖菜，如猪肉炖粉条、小鸡炖蘑菇，当然还有酱骨头。根据其主料的不同可分为酱脊骨、酱排骨和酱棒骨。东北人在做酱骨头时，一般都会放入糖和黄酒。

东北酱骨头，美味是自然，最大的特点便是，其菜式分量颇大，骨头的块头也相当大，就如食者豪迈的性格一般。大块的骨头似乎更懂得和汤料打交道，在经过长时间的炖煮后，其肉质软嫩、不柴，啃起来非常带劲，让人无穷回味。

北方人饮食口味偏咸味，吃惯了家乡酱骨头的北方人，如果到了无锡，尝到了那里的特色酱骨头，十有六七会纳闷：怎么会有这么甜的酱骨头。

无锡虽不盛产蔗糖，但在“甜”上，无锡人却表现了不一般的执着。无锡菜甜味颇重，素有“甜出头，咸收口，浓油赤酱”之说，无锡酱排骨便是其中代表之一。

无锡酱排骨在烹制上十分讲究。首先体现在选料的苛刻上，无锡排骨选取的是肉质细嫩的猪肋排；其次在于作料的优质选择上，需要用黄豆酱油、绵白糖、黄酒，还要用葱、姜、茴香、肉桂等；最后在于材料比例的严格控制和火候掌握的准确，50 千克生肉骨头，需佐以酱油 6 升、白糖 1.5 千克、黄酒 1.5 升，用小火炖 2 个小时。

无锡酱排骨色泽酱红，肉质酥烂，骨香浓郁，汁浓味鲜，咸中带甜，充分体现了无锡菜肴的基本风味。到了四川，如果你想吃上一盘地道的卤排骨，一定要吃一吃廖记排骨的五香卤排骨了。曾经有过一位吃货界的朋友这样向我推荐：一块入口，顿时香味溢满口，吃下去，五脏六腑皆为香绕。当时听完此番话，不免觉得其吹嘘之嫌过大。后来有幸吃过一次，直接的反应就是——很香。

廖记排骨的五香卤排骨肉质鲜嫩、不柴，肉软烂、脱骨，且骨头的鲜味深深地渗入到肉中，吃起来爽而不腻，又回味无穷。

五香卤排骨，地地道道的一盘家常菜，廖排骨能够从中脱颖而出，因其非凡之处大抵如下：

首先，一道卤菜的味道，无论是强调清淡，还是推崇浓郁，醇正是唯一标准。所以一份秘藏的百年老卤水是廖记排骨卤菜味道醇正、无法被模仿的重要因素之一；其次，廖记排骨经过几代人的努力，发明创造了其独特的烹饪方法，比如“蒸卤”。具体方法是: 在卤制前先对原料进行漂洗、去血污，然后进行分割成形、局部破骨等处理；最后，将原料直接架空后，烧水蒸制 15 分钟再进行下一步的卤制。如此可以逼出原料本身多余的水分，有效地去除其杂腥味，还能张大排骨肉质组织的空隙，使烹制的卤菜更加入味。

而在广东、福建、海南等地，则流行一道叫作“肉骨茶”的卤味排骨汤。

▲
汤中混着肉骨和药材的精华，更显珍贵。

肉骨茶虽名为“茶”，其实是一道猪肉药材汤，在煲汤时完全没有茶叶的参与，而是以猪肉和猪肋排混合各种不同的中药材和香料，一般有党参、当归、枸杞、玉竹、桂皮、牛七、熟地、西洋参、甘草、川芎、八角、小茴香、丁香、大蒜和胡椒等，熬制好几个小时而成的药膳汤。

肉骨茶，据说最初是由 20 世纪初的一位马来西亚华侨（原籍福建）创造的。因此，在马来西亚和新加坡，肉骨茶在餐桌上对于人们也是一道熟悉的普通菜式。

广东人爱吃早茶，骨肉茶则是其中一道典型的菜式。肉骨茶可以拌白饭或用油条蘸肉汤来吃，而且还配有酱油、红椒碎和蒜蓉等味碟以供调味。相较于海南肉骨茶的胡椒味较盛，福建的药材味较浓，广东的肉骨茶似乎缺少了一点偏好和个性，显得平淡一些。

各类排骨肉介绍

1. 肋排（背）

为背部整排平行的肋骨。肉质厚实，最适合整排烧烤。

2. 软骨肉排

连着白色软骨旁的肉。适合用来炒、烧、蒸。

3. 大里脊肉排

即腰旁的带骨里脊肉。适合用来油炸、炒、烧。

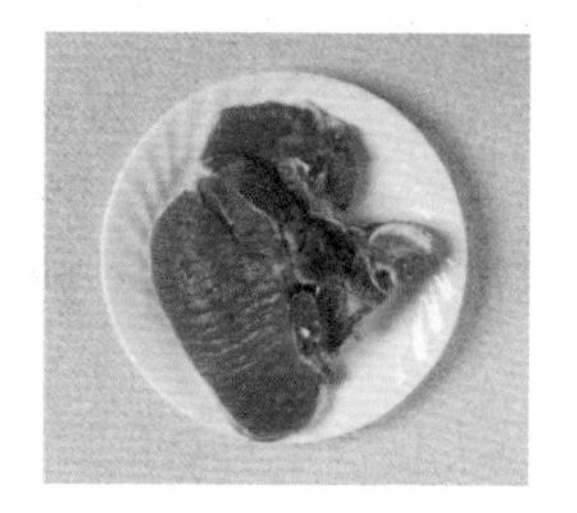

4. 小里脊肉排

从腰连到肚的里脊肉，是排骨肉中最软嫩的部位。烹饪时较易入味，短时间内就能熟透，适合用来炸、炒。

5. 胛心肉排

因肉中带有油脂而称为胛心肉。其油脂可让肉在烹调时不会紧缩，所以特别适合拿来烧烤。

6. 肋排（肚腩）

靠近肚腩边的肋骨肉，因接近五花肉而稍带油脂，骨头较短，整片烧烤或切块烹调皆可。

无锡酱排骨

材料 / 猪排骨 500 克，葱段 1 棵，姜片 10 克，八角、桂皮各适量，熟芝麻 20 克

调料 / 番茄酱 30 克，红糖 30 克，老抽、生抽各 5 毫升，料酒 5 毫升

做法

1 / 排骨洗净斩段，下入沸水锅中，放入姜片和料酒，去血腥， 捞出沥汁备用。

2 / 将番茄酱、红糖、老抽、生抽混合调制成酱料备用。

3 / 将八角下入热油锅炸香，放入葱段、剩余姜片煸炒，后放入排骨，炒至两面金黄。加入适量清水，并没过排骨，放入调好的酱料以及桂皮，大火烧水开后，转小火炖 1 个小时，再用大火收汁，撒上熟芝麻即可出锅。

酱大骨

排骨上零星挂着红辣椒碎，颇为诱人，
有汤汁包裹着，其香辣味道细腻、浓郁地铺在口中，
真是让食者过足了瘾。

材料 / 猪脊骨（带肉）1000 克，葱 30 克，姜 20 克，辣椒末少许，水 1000 毫升，色拉油 60 毫升

调料 / 酱油 300 毫升，白糖 150 克，米酒 100 毫升

卤包材料 / 草果 2 颗，八角 10 克，桂皮 8 克，丁香 5 克，花椒 5 克，小茴香 3 克，白豆蔻 3 克

做法

1 / 用棉布包将所有卤包材料包好，制成卤包。
2 / 猪脊骨用开水汆烫约 3 分钟，捞起，洗净沥干，备用。
3 / 将葱、姜洗净、拍扁、切段，备用。
4 / 取一炒锅，加入色拉油热锅，将葱段、姜段下锅，以中火爆香后，加入适量水、卤包和所有调料烧开。
5 / 再放入猪脊骨，待煮开后转小火保持沸腾状态，盖上锅盖，约 50 分钟后开盖，以小火持续炖煮，并不时翻动猪脊骨使其均匀受热。
6 / 煮至汤汁蒸发、呈浓稠状后，盛盘并撒上辣椒末即可。

小话玫瑰露酒

玫瑰露排骨是一道美味可口的特色粤菜。其主要原料有排骨、干葱和花生油等。制作时，首先将排骨洗净，加入适量生抽、玫瑰露酒、高汤、葱花、姜丝和盐等调料腌渍两小时后，捞出沥干；接着热油锅下入蒜、葱白爆香，放入腌渍的排骨，淋入适量玫瑰露酒、高汤，煮一个小时即可。

在粤菜中，将玫瑰露酒作为烹饪作料已有很长的历史，小炒、腌制肉类和卤水中都有它的参与。粤菜中著名的烧鹅、玫瑰豉油鸡所使用的卤水中也必不可少玫瑰露酒。

玫瑰露酒属于花果类露酒，以玫瑰花瓣为主要原料，一般使用高粱酒浸泡发酵、蒸馏而成。酒液清澈透亮，酒质清冽醇厚，余味悠长回甘，并带有芬芳馥郁的玫瑰香。

玫瑰露酒源于唐代，一直以来为王公贵族所专用，明代1326年就有具体文献资料记载，在云南昆明更是有着“玫瑰花放香如海，正是家家酒熟时”的光辉岁月。

玫瑰露酒在昆明的最早文献记录是《昆明县志》，其中记载到，清道光二十一年酿酒有“烧酒、黄酒、白酒数种”，并选用“麦、粱、黍、玉蜀黍”等和玫瑰花为酿酒原料。昆明人称玫瑰露酒为“玫瑰升”，用粗制、低度的市酒浸泡滇池畔香玫瑰花瓣，制成玫瑰糟卤，放入蒸馏器中蒸烤所得。而升酒加入花瓣浸泡后，再“升”一次，叫作“玫瑰重升”；以重升酒浸泡花瓣再蒸一次，则成为“玫瑰老卤”。

玫瑰卤仔排

材料 / 猪排骨 700 克，红辣椒 2 个，姜 20 克，葱 30 克，万用卤包 1 包，水 500 毫升，色拉油少许

调料 / 酱油、玫瑰露酒各 100 毫升，白糖 30 克

做法

1 / 猪排骨洗净剁小块后，放入沸水中汆烫约 3 分钟，捞出洗净，备用。

2 / 姜洗净切片；葱洗净切段；红辣椒洗净对切，备用。

3 / 热锅，倒入色拉油，以小火爆香葱段、姜片及红辣椒段后，全部移入汤锅中。

4 / 再将汆烫后的猪排骨、万用卤包、水及所有调料放入汤锅中，煮沸后转小火，盖上锅盖，以小火保持沸腾状态约 40 分钟，至猪排骨熟软即可。

有豆方成一食界

一碗金黄的豆子，
一重重地衍化，一重重的惊喜。

一豆一食界。中国古人对黄豆的天才式奇妙思考，使之生出了多种衍生品，豆腐、豆干、豆腐乳、豆瓣酱、豆油、豆浆……

中国人吃豆腐，始于汉代淮南王刘安，有着近两千年的历史。一块豆腐，方方正正、清清白白，在中国人的心中始终有一份特殊的情结。豆腐，以蒸、炸、炒、煎之，皆可烹成一方美味。当然，将豆腐以卤法制成一道卤味，也保持着一份独特的魅力。

首先，从一盘软如海绵、卤味鲜香的杭州菜卤豆腐说起。菜卤豆腐又名菜卤滚豆腐，是浙江磐安县传统的汉族名菜，当地山区老百姓的家常菜之一。菜卤豆腐，顾名思义，就是一道由菜卤和豆腐组合而成的菜肴。菜卤是以类似于雪里蕻的九头芥的菜蒲头作为原料制作而成的。"卤"即是腌菜沥出的汁水。菜卤的制作方法是，把菜放入盛着腌菜卤水的大锅中，大火烹熟，后再闷砂锅一天，即可出锅并晒制，如此便成了菜卤。

其主要原料有老豆腐、腌菜卤，作料也相当简单，包括盐、味精和蒜。做法是，先将豆腐切成 3 厘米见方的块，取出一砂锅，用竹篾垫底，后放上豆腐，加盐、味精、蒜和清水，用大火烧开后，转小火炖煮至豆腐出现蜂窝孔时，捞出沥干水。将腌雪菜卤过滤后煮沸，加入沥过水的老豆腐，煮约半小时至豆腐入味即可。

▲
豆腐，好食品，荤之，素之，皆可。

当然，对于肉食主义者，在豆腐的基础上，还可以加上些肉或者火腿片，为去腥增味，需加入料酒和姜，炖煮时间需多延长1个小时，方可熟透入味。如此菜卤、豆腐和肉的味道相互渗透，豆腐的清鲜嵌入肉中，肉的醇厚与香又流入菜卤中，如此相互借味，汁香汤浓，口感富有层次。

清白的豆腐因黑不溜秋、其貌不扬的腌菜卤变得乌黑透亮、普普通通，但就是这一黑一白、一至咸一至淡的搭配生出了这盘香气四溢、食之余香、绵延三日不绝的磐安菜卤豆腐。

都说巧妇难为无米之炊，但这句话，其实可以用客家酿豆腐予以强有力的回击。

自中原南迁的客家人，为了在缺少面粉的岭南过年时吃上饺子，他们创造性地以豆腐块作“皮”，把做饺子的馅料填入其中来代替饺子，以寄托对北方饺子、中原故土的思念之情，从中获得一点宽慰。这一独特的菜式经历代流传，一直是客家菜的代表之一，凡有宴席必有此道菜。

传统的酿豆腐馅料，主要有猪肉、马鲛咸鱼、香菇、陈皮等。其吃法，除了有与饺子一致的煎、蒸、煮外，还有焖、煲、炸等。

这里，讲讲煲酿豆腐的做法。制作此道菜需准备的材料有，客家卤水豆腐（或者客家石膏豆腐）、猪肉、咸鱼肉、干香菇、高汤、红曲、酱油、胡椒粉、盐、香菜。

首先，制馅。把猪肉、咸鱼肉和泡发后的香菇剁成馅，加入盐、酱油、胡椒粉调味。然后将豆腐对半切开，用筷子在切口处的中间，戳一个洞。这戳洞有讲究，要几乎对穿，且不可将豆腐戳透。接下来便是填馅。这同样是考验功夫的环节，要十分注意抓豆腐的手势，以免将豆腐搞烂。填完馅后，把豆腐摆放在盘子中，将油锅烧热，把豆腐顺着盘边倒入锅中，撒适量盐，小火煎至一面金黄后，把豆腐铲入砂锅中，加入高汤、胡椒粉、红曲，烧开后转小火炖约 1 个小时，撒上香菜即可出锅。

说罢豆腐，再说说比豆腐稍薄些的豆腐干。说起豆干，首先必须得提南京鸡汁回卤干。关于它的来历，据说和明太祖朱元璋有关。某日，厌倦了锦衣美食的朱元璋微服出宫，在街边看到一家小吃店正在炸油豆腐干，色泽金黄、清香扑鼻，不禁两颊生津，于是便走向前去买。店家看其穿着，观其举止，以为他是个有钱人家，立即将豆腐干放入鸡汤中，并配以黄豆芽和作料同煮，煮至豆腐干软绵入味捞出，朱元璋吃后大加称赞。从此油豆腐干便愈加风靡，流传至今。

如今南京人吃到的鸡汁回卤干和当年朱元璋吃到的，在做法上并无两样，只是现在的食材中多了笋片和熟鸡丝。

有脆脆的黄豆芽点缀，有鲜美的鸡汤与金黄焦嫩的油豆腐干相互交叠、融合，也难怪每个食客的脸上都写满了满足和幸福。

大豆转化成了豆腐，而豆腐，在经过酒糟腌或者酱制后变身成豆腐乳。豆腐乳，在中国有着上千年的历史，其口感好，营养高，虽有股臭味儿，但吃起来特别香，因此深受老百姓的喜爱。

豆腐乳通常可分为青方、红方、白方三大类。其中，在腌制过程中加入了苦浆水、盐水的臭豆腐乳属“青方”；在制胚时加入了红曲色素的“红辣”“玫瑰”等属“红方”；而生产加工的过程中未加入红曲色素的“甜辣”“桂花”“五香”等属“白方”。

不同地方的腐乳有着不同的口味。江浙一带的腐乳以细腻绵柔、味鲜、微甜出名；四川的腐乳则以麻辣、香酥、细嫩为长；北京的王致和腐乳青色方正、臭余蕴香、醇香可口。

腐乳本身既可以作为一碟美味的佐餐小菜，又可以当作是一种调味料。而且酿制腐乳所出的汤汁，本身就是一种很好的卤汁，可应用于制作卤菜，比如腐乳卤小排、腐乳卤肉、腐乳卤鸡翅……

于我而言，大豆最妙的变身则是豆瓣酱。在儿时，印象中每到快放学时，我的肚子就会准确地发出饥饿的信号。因此，回到家中的第一件事便是跑到厨房拿出一张白单馍，涂上母亲在三伏天里闷制的豆瓣酱，再卷上两棵大葱。一张单馍下去，做功课的力气似乎一下子就浮了上来……

▼
红方腐乳，有酒酿味儿，味道颇为咸。

据史料记载，豆酱的酿造最早发生在西汉。西汉黄门令史游在《急就篇》中曾作：“芜荑盐豉醯酢酱。”唐书《颜注急就篇译释》中曾注释：“酱，以豆合面而为之也，以肉曰醢，以骨曰臡，酱之为言将也，食之有酱。”依最早的记述和后世的注解可以看出，豆酱是以大豆和面粉为原料酿造而成的。

黄豆酱是最早出现的酱，如今，在市场上人们可以尝到各种各样的酱。除了黄豆酱外，还有蚕豆酱（以蚕豆为原料）、西瓜酱（黄豆和西瓜混合）、甜面酱（以小麦粉为原料）和肉酱（以肉、虾、蟹等为原料）。

古人云：酱者，百味之将帅，帅百味而行之。豆瓣酱在美食烹饪中的地位可见一斑。大酱是东北人酱大骨、做炖菜的必需之物；而郫县豆瓣酱则被四川人奉作是“川菜之魂”。普宁黄豆酱为潮汕菜作“淡妆”提鲜；而辣椒豆瓣酱则是为开封菜“浓抹”增香。

在中国广袤的美食版图上，豆瓣酱在各地都有自己坚固的营帐。单是卤味，有豆瓣酱参与的菜品就非常多。若要一一枚举，着实要费上好一番功夫，只能待食者逐一去探索。

▶
黄豆酱是北方人卤肉常用的酱料之一。

萝卜干卤肉

材料 / 猪五花肉 300 克，萝卜干 50 克，豆干 100 克，葱 20 克，大蒜 7 瓣，红辣椒 1 个，西蓝花适量，色拉油适量

调料 / 酱油 45 毫升，白糖 30 克，水 1200 毫升

卤包 / 花椒、甘草、丁香各 3 克，八角 2 粒，小茴香 2 克

做法

1 / 将猪五花肉洗净，切成块状；萝卜干洗净，切条；西蓝花洗净切小朵，汆烫捞起；葱、红辣椒均洗净、切段，备用。

2 / 热油锅，放入葱段、大蒜、红辣椒段爆香，再放入猪五花肉块、萝卜干条炒香，后移入一炖锅中，放入豆干、所有调料和卤包，以大火烧开，转小火炖煮 80 分钟。

3 / 摆盘时，放入西蓝花做装饰即可。

油豆腐卤肉

猪五花肉多余的油脂化入一锅卤汤中，
油豆腐正好吸去，少了一分寡淡，多了一份丰腴，
吃起来，味道均好了不少。

材料 / 猪五花肉600克、油豆腐8块、大蒜7瓣、葱段20克、红辣椒1个、油豆腐卤肉汁适量、色拉油15毫升

做法

1 / 猪五花肉洗净、切块；油豆腐放入沸水中稍汆烫后，捞起备用；大蒜、红辣椒洗净备用。

2 / 热锅，倒入色拉油，放入大蒜、葱段、红辣椒炒香。

3 / 再放入猪五花肉块炒香，接着放入油豆腐和油豆腐卤肉汁。

4 / 以大火煮沸后转小火，盖上盖子续卤约30分钟即可。

油豆腐卤肉汁

材料 / 高汤1000毫升，八角3粒

调料 / 盐3克，酱油45毫升，冰糖30克，糖色15毫升，米酒30毫升

做法

1 / 将高汤放入锅中煮沸。

2 / 再加入八角及所有调料煮匀即可。

豆瓣卤牛肉

材料 / 牛肋条500克，红葱头20克，姜30克，八角5克，水1000毫升，色拉油15毫升

调料 / 豆瓣酱、白糖各30克，盐1克

做法

1 / 牛肋条洗净、切小块，放入沸水中汆烫去血水、脏污后，捞起沥干，备用。

2 / 红葱头洗净去支、切末；姜洗净切末，备用。

3 / 热锅，倒入色拉油，以小火爆香红葱头末和姜末，再放入豆瓣酱略炒香后，放入汆烫后的牛肋条块、八角、水及剩余调料，煮至沸腾后转小火炖煮约1.5个小时，至牛肋条块熟透软化、汤汁略微收干即可。

苏陀味的面和粉

南粉与北面，
最鲜明的地域饮食文化。

中国人的饮食文化里，素有“南粉北面”的说法。北地产小麦，小麦出面粉，面粉制面条，自然而然便成了北方人的主食；南国出大米，大米生米浆，米浆制米粉，每天都在与南方人打着照面。

据考证，面条的最早出现时间，可追溯至1900年前的东汉。在《四民月令》中述有“立秋勿食煮饼及水溲饼”。“水溲饼”“煮饼”便是中国面条最初的称谓和模样。随后，“汤饼”“水引”“冷淘”“不托”，伴随着名称的改变，面条的种类渐渐增多，形状由饼状、片状慢慢演化成长细条状，真正以“面条”称谓是在宋朝，后来元代的《饮膳正要》中记载了干挂面的出现。

相比之下，米粉的历史则更为长远，可追溯到3000年前，当时居住在黄土高原的先民们，用小米制成米粉。后来，这一技术传到长江流域，原料则由大米代替了小米，质量和口感上都有很大的提高。随着朝代的更替，米粉的名字也有多个，如粲、糒、米缆、米线、米面等。

依据其制法的不同，面条可分为擀面、抻面、切面、刀削面、揿面、压面、搓面、拨面、捻面、剔面、溜面等；而米粉则分为排米粉、方块米粉、波纹米粉、银丝米粉、湿米粉、干米粉等。

漫长的岁月，让中国人对于面条和米粉产生了至深领悟，创造出变化无穷的烹饪方法。在这里，讲讲面卤和粉卤。用作面卤或者粉卤的主要有两种：臊子或者老汤。相比之下，臊子汤浓且少，菜占有相当的分量；而老汤自然汤稍清且多，菜的比重稍显少些。

配以臊子的面，其代表有北京打卤面、杞县臊子面、开封蒸卤面和四川担担面；而粉则有云南凉拌米线、桂林干粉。多用老汤的面，代表有兰州拉面、山西刀削面、郑州烩面、胶东海鲜卤面；粉有云南过桥米线、广西柳州螺蛳粉、贵阳花溪牛肉粉。

先来说说臊子面。臊子，即浇在面条上的卤。京津两地的人多说“卤儿”，还有“汆儿”一说；而陕西、河南等地的人多叫“臊子”；在江浙一带，则被叫为“浇头”，“浇”有加上之意。臊子有荤有素，多以荤为主。臊子面，据说是由唐朝的“长寿面”演化而来，含“福寿延年”之意，比如在我的老家，每逢老人寿辰、小孩生日，都会做上一碗臊子面，碗中的面条则是在一整锅中费心挑选的最长的一根，有着浓浓的福寿绵长之意。

臊子面的特点是面条细长，厚薄均匀，臊子鲜香，面汤油亮红润。其做法多样，用料更是多种多样，随之风味亦有所不同。

陕西岐山人烹制的臊子面，强调酸辣，要求宽汤，即汤多面少，而且面条要烫嘴且油多，对于配汤和烧肉臊子都非常讲究。

做肉臊子，以较肥带皮的猪肉为佳，先将其切成小碎片，后入炒锅，加入姜、辣椒面等炒制而成。期间一定要注意火候和时间的把握。火如果太大，肉就会变老、变焦，而且辣椒面容易炒煳，从而影响后续汤的色泽。而如果火太小，肉的腥味就去除不尽，同时又会太辣。其配汤主要由木耳、煎豆腐、煎蛋皮、黄花菜、蒜苗和炒胡萝卜等材料切成碎粒或碎片后烧制而成。所谓一碗面，七分汤。汤是臊子面的灵魂，所以这汤只有下了一番功夫后，才有可见山水的好味道。

做面条，需用碱水和面，反复揉压，之后擀成厚薄均匀的面皮，用刀均匀切细，下入锅中煮熟。食用时，先捞面条，再浇上臊子汤。汤多面少，才能吃上一碗肉鲜香、汤酸辣、面细长、筋道的地道臊子面。

相较于岐山臊子面突出酸辣，北京打卤面味道相对比较柔和，多追求卤汤的鲜。

北京打卤面，有“清卤”“混卤”两种，清卤又叫汆儿卤，混卤又叫勾芡卤，两种做法不同，味道自然也不同。不过，这卤不论清、混，都讲究汤清味正，一般有清鸡汤、白肉汤、羊肉汤，另配上口蘑丁熬制而成。北京人在做汆儿卤时，除了白肉香菇、口蘑、干虾米、鸡蛋、鲜笋外，还会放点鹿角菜，最后再撒点白胡椒粒和香菜。汆儿卤口味稍显平淡，在制作时要下重口，加面后味道才会刚刚好，不会淡而无味。

而勾芡卤，即勾芡得之，汤浓味略重。其制作所用的材料和汆儿卤相比，变化不大，只是将鹿角菜换成了木耳、黄花菜。将鸡蛋均匀地漂打在卤上，再加入火腿、鸡片和海参即可制成三鲜卤。不同于汆儿卤的配料切成丁状，勾芡卤则要切成片状。最后起锅前，炸些花椒油，趁热往卤上一浇，顿时椒香四溢，这卤也就制成了。

一碗北京打卤面可谓是内容全面，营养丰富，卤的鲜香、面的筋道，都不能不令人称赞。

说罢北方的面条，再以桂林米粉为代表，说说南方的米粉。桂林人酷爱吃米粉，每日以粉当作早餐，如果一天下来没吃到，整个人似乎就会变得难受。走在桂林的街头，大小粉店到处可见，而食客们永远是络绎不绝，似乎从未有厌乏的时候。

桂林米粉风味独特、做工讲究。在制作米粉时，先用漓江水将优质大米泡涨后，研磨为米浆，滤干后揣成粉团煮熟，然后压榨成根根米粉，再在水中团成一团。制成的米粉洁白、细嫩、爽滑。桂林米粉的卤水一般用猪肉、牛肉、罗汉果、桂皮、八角等多种药材香料秘制而成，由于用料的比例和材料的投放顺序不同，米粉味道也富于变化。如今，桂林有多种不同口味的米粉供应，如马肉米粉、担担米粉、卤菜粉、三鲜粉、牛腩粉、生菜粉等。

▼
一碗米粉下肚，
总让人神清气爽。

有人说，去吃上一碗米粉，就会明白桂林人对米粉的依赖之情。所以，到了桂林，若没能吃上一碗米粉，还真是件遗憾事！

面条与米粉，是祖祖辈辈中国人每天必做的“功课”。每一个地方的人对做面或是制粉都有着独特的理解和诠释。所以，无论走到哪里，或是一碗面，或是一碗粉，好好地吃上一碗，细细品味，总能品出点新意来。

五香肉臊

材料 / 猪肉馅 400 克，猪皮 240 克，红葱酥 100 克，水 1800 毫升，沸水 2000 毫升，色拉油 100 毫升

调料 / 酱油 250 毫升，五香粉 3 克，白糖 45 克

做法

1 / 猪皮表面用刀刮干净后，清洗干净，放入 2000 毫升的沸水中，以小火煮约 40 分钟至软后，取出冲凉，待猪皮完全冷却后，切成小丁，备用。

2 / 锅中倒入色拉油烧热，放入猪肉馅炒至散开。

3 / 将适量水及酱油加入锅中，拌均匀后再加入猪皮丁，接着依序将白糖、五香粉加入锅中。

4 / 煮匀后，再撒入红葱酥略拌，以小火熬煮约 30 分钟，至汤汁略显浓稠即可。

担担面

材料 / 面条 70 克，绿豆芽 20 克，韭菜 15 克，高汤 200 毫升

调料 / 辣酱肉臊 30 克

做法

1 / 绿豆芽洗净；韭菜洗净、切小段；高汤烧开，盛入面碗中，备用。

2 / 面条放入沸水中，以小火煮约 1 分钟捞起、沥干，盛入面碗中。

3 / 沸水继续烧开，放入绿豆芽、韭菜段略烫，捞起沥干，放于做好的面上，趁热淋上辣酱肉臊即可。

材料 / 猪肉馅400克，豆豉20克，红葱酥30克，大蒜50克，姜15克，色拉油100毫升，水300毫升

调料 / 豆瓣酱50克，辣椒粉45克，蚝油50毫升，白糖5克

做法

1 / 豆豉洗净、剁细；姜、大蒜去皮、切碎，备用。

2 / 锅中倒入色拉油烧热，放入豆豉、姜碎、蒜碎，以小火爆香，再加入猪肉馅，以中火炒至肉表面变色且散开。

3 / 将豆瓣酱及辣椒粉加入锅中略炒香，再加入水和其他调料煮开，最后加入红葱酥，以小火煮约15分钟即可。

鱼香肉臊

以辣油和豆瓣酱化出浓郁的鱼香，
还有猪肉的丰腴、荸荠的清甜、木耳的爽脆，
浇在面条上，着实馋人。

材料 / 猪肉馅 300 克、荸荠 60 克、黑木耳 30 克、葱 50 克、姜 50 克、水 1200 毫升、色拉油适量

调料 / 糖 45 克、鸡精 15 克、米酒、酱油、香油、辣油各 30 毫升、辣豆瓣酱 30 克

做法

1 / 除猪肉馅、色拉油以外的所有材料洗净剁碎，备用。
2 / 热锅，倒入适量色拉油，放入所有剁碎后的材料炒香，再加入猪肉馅炒至变色。
3 / 最后加入所有调料煮约 20 分钟即可。

若以猪皮搭配肉馅制作肉臊，猪皮的分量也要以最佳比例加入，即肉与皮的比例为 6 ： 4，肉指的是肉馅（肥肉加上瘦肉）的分量，这个比例的肉臊胶质含量刚刚好。猪皮一定要充分熬煮至软透才行，可避免肉臊油腻。可依据个人喜好，适当调整猪肉的肥瘦比例。

一品料理
営業中

4 别有一番卤味

一次舌尖上的跨国境之旅，
五个不同的国家，
单以卤味为渠，好好地体会一番
他们的烹饪之道。

独乐乐的日本小食光

认识日本饮食，
首先从一碗味噌汤开始。

日本小学教的进餐礼仪，首先就是第一口喝味噌汤，第二口吃米饭，第三口吃菜。味噌汤被称为日本的“国汤”，和米饭一样，每天都会出现在日本家庭的饭桌上。

正宗味噌汤的做法是，先取一小锅烧开水，放入底料，一般是豆腐和海菜，此外还可加入萝卜、茄子、土豆等各种蔬菜。待材料变软后，加入由鱼干、海带等天然物品制成的鲜味料。最后，往汤中加入适量的味噌酱，用筷子搅拌、化开，一锅鲜美且下饭的味噌汤就完成了。味噌汤，其实也可叫作方便汤，只需 10 分钟便可搞定它，所以人们也可以日日坚持。

味噌汤虽是日本所独有的，但味噌却是在飞鸟时代，由东渡传法的唐朝鉴真和尚传入日本的。当时的味噌在水中很难溶解，那时的人们只能无奈地舔食。味噌汤的真正出现是在半个多世纪后的镰仓时代，当时在武士社会中有着“一菜一汤”的固定饮食搭配，慢慢便产生了喝味噌汤的习惯。味噌汤被认为是战场上非常珍贵的食物，一度作为军用食品流行于军队中，直到江户时代才逐渐在民间普及，出现在老百姓的餐桌上。自此以后，味噌汤就作为日本料理中的一大特色被保留、传承下来了。

▲
在日本，有这样一种说法："清晨一碗酱汤，保你身体健康。"

味噌汤，被日本人称为"妈妈的料理""妈妈的味道"。在许多日本家庭的食谱上，妈妈们总会制作出自己风格的味噌汤。在日本孩子心中，味噌汤则代表了家的味道。

如果说味噌汤是一种"妈妈的味道"，那么咖喱饭，正如广告中所倡导的"母亲节，做咖喱饭"一样，是一份表达孩子对妈妈的爱的料理。

在日本，咖喱饭同味噌汤一样深受人们的喜欢，更是安慰挑食孩子的下饭菜。

咖喱，经日本本土化改良后，变得更加精致、细腻和温和。因此，日式咖喱显然不如传统的印度咖喱般香料浓郁、味道辛辣，反而因加入了浓缩果酱，味道较甜一些。

关于咖喱的最早记载是在明治四年（1871 年），由环游欧美的日本使节团引入。第二年，日本出版了两册西洋料理指南书：《西洋料理通》《西洋料理指南》，其中便有制作咖喱饭的食谱。在日本，咖喱饭一度属于高级餐厅的贵价菜，直到明治后期，才真正成为普通百姓的食物。

如今，咖喱在日本俨然已变成了一种文化，各式各样与咖喱相关的产品在日本走红，可以假乱真煮食的咖喱玩具、咖喱味的弹珠汽水、咖喱温泉……此外，咖喱专家小野员裕走访了全国近 1000 家的咖喱专卖店后，在横滨建立了世界上第一座咖喱博物馆。该博物馆以大正时期（1911 ~ 1925 年）为时代背景，以“香料奇境：极品咖喱——咖喱王”为展览主题，展出了自 8 世纪以来关于咖喱的书籍、盛咖喱粉的罐盒以及咖喱食品的制作工艺。

▶
不同颜色的味噌有不同的味道。

和风味噌卤牛肉

材料 / 大头菜、小胡萝卜、小洋葱各 200 克，牛骨高汤 1500 毫升，煮熟牛腱块 400 克

调料 / 味噌 30 克，白糖 15 克

做法

1 / 大头菜去皮切块；小胡萝卜洗净切块；小洋葱剥皮洗净切块，备用。

2 / 取一汤锅，放入牛骨高汤后，再放入煮熟牛腱块，以小火煮约 20 分钟。

3 / 再放入大头菜块、小胡萝卜、小洋葱和所有调料，一起继续炖煮约 20 分钟即可。

和风鸡肉咖喱

有咖喱酱和酸奶，汤汁非常浓郁，
置于其中，无论鸡肉还是土豆都显得十分鲜嫩，
当然，味道也毋庸多说。

材料 / 鸡腿肉 400 克，苹果、土豆各 1 个，胡萝卜 1 根，西蓝花、葡萄干各适量，原味酸奶 60 毫升，姜末、蒜末各 10 克，水 500 毫升，色拉油 45 毫升

调料 / 咖喱块 60 克，酱油 18 毫升，白糖适量

做法

1 / 鸡腿肉洗净沥干，切成块状。

2 / 苹果、土豆和胡萝卜均洗净、去皮、切块，泡入水中备用。

3 / 西蓝花洗净，切成小朵状，放入沸水中，氽烫成翠绿色，捞起，泡入冷水中备用。

4 / 取锅，加入色拉油烧热，放入姜末、蒜末爆香后，放入鸡腿肉煎至金黄色，再加入苹果块、土豆块、胡萝卜块翻炒，加入水烧开后，改中小火，炖煮至食材变软，加入酱油、白糖调味，再放入咖喱块、西蓝花，边煮边搅拌至咖喱块完全融化，起锅前，再加入原味酸奶拌匀，撒上葡萄干即可。

过足酸辣瘾的泰国菜

对于泰国人来说，
他们可以食无鱼，但不能不食酸。

“无酸不喜，无辣不食”，是泰国人饮食习惯的显著特点。因此对于外国人来说，提及泰国美食，其酸辣常常令人咂舌，但又备受青睐。

对于泰国人来说，他们可以食无鱼，但不能不食酸。对于酸的把握，中国、韩国、日本用小麦、米等酿制成食用醋，欧洲国家选择黄柠檬，泰国则选取青柠。按其酸度排列，泰国青柠第一，黄柠檬次之，粮食醋排最末。

葡萄牙传教士于16世纪将南美洲的红辣椒引入泰国，是泰国辣食的历史开端。而关于泰国人嗜辣的原因，其本土曾流行一种说法：以前泰国人喜欢吃一种槟榔，这种槟榔会麻痹味蕾，所以泰国人吃完槟榔之后，就喜欢吃重口味的东西，比如酸、辣、甜。这种槟榔吃了之后牙齿会变黑，所以现在的人很少吃了，但是吃辣的传统却保留了下来。另外，还有一种科学的解释。在一份“气候引导辣味食品形成论”的科学研究中，科学家认为，温暖的气候中，食物更容易生出病原体和寄生虫，而辣味调味品正好可以抑制它们的生长。所以泰国人吃辣味食物，而不是味道清淡的食物，第二天他们就不太可能拉痢疾。

▲
青柠，芸香科柑橘属，原产于印度，现今泰国大量种植及供应。

朝天椒，茄科辣椒属，个头小、果肉厚，味极辣。

除了酸和辣，香草的大量使用也是泰国菜的一大特点。相比印度人喜欢用香料去烹调食物，泰国人则选择直接用新鲜的香草。泰国菜中使用的香草种类很多，常用的有香茅、罗勒、薄荷叶、柠檬叶、南姜、长香菜和香兰叶。

泰国人喜食咖喱，泰国咖喱因加入了椰浆而降低了辣味，同时也增加了香味。泰国咖喱种类很多，常用的有异国风的娘惹咖喱、马散麻咖喱、青咖喱和红咖喱。其中，红咖喱是泰国人爱用的咖喱酱，其气味较辣，层次丰富、甘醇。主要原料有干红辣椒、青柠檬皮、虾酱、南姜、香茅、香菜籽和白胡椒粒。

除了咖喱，酸辣酱也是泰国人烹饪美食的法宝。它既可用来为火锅打底，也可以用来炖肉，还可以做酱汤。泰国酸辣汤，就同日本味噌汤一样，也是每日饭桌上的必备食物。

罗勒 | 香茅
薄荷叶 | 长香菜

酸和辣结合的美妙口味，其实不止泰国人迷恋，其他国家的人一样。以酸辣汤举例，同样从青柠中取酸，从朝天椒中采辣，泰国人配以特产椰浆、草菇和鲜虾烹煮，墨西哥人则把玉米粒、鸡腿肉下锅；中国四川人用粮食醋混小米椒组酸辣，搭豆腐、鸡肉、猪肉丝和海参；韩国人以特色泡菜打底，配以黄豆芽、五花肉和牛肉等。不同地域的人，文化不同，饮食习惯不同，但他们以智慧般地思考，因地制宜地选取不同的食材，烹调出了具有当地特色的酸辣美味。

泰式红咖喱炖鸡

材料 / 去骨鸡腿肉 400 克，黄瓜 200 克，洋葱 30 克，蟹味菇 50 克，柠檬香茅 2 根

调料 / 红咖喱 1 小包，椰奶 60 毫升，奶油适量，高汤 200 毫升，盐、胡椒粉各适量

做法

1 / 去骨鸡腿肉洗净切大丁，加入盐和胡椒粉抓匀；洋葱洗净切碎；柠檬香茅洗净切碎；黄瓜洗净切厚片。

2 / 热锅，放入奶油，加热至融化，加入洋葱碎炒至软化，再加入红咖喱、柠檬香茅碎炒香，续加入蟹味菇、去骨鸡腿肉丁、黄瓜片略炒。

3 / 将高汤倒入锅中，以小火炖煮约 20 分钟，至去骨鸡腿肉丁软烂，起锅前，倒入椰奶拌匀即可。

泰式酸辣牛肉

牛肉由酱汁浇灌得格外红亮，
香味浓郁了许多，口感也温柔了许多，
仿佛马上要化于口中。

材料 / 熟牛腱 1/2 块，西红柿、柠檬各 1 个，洋葱 20 克，香茅 3 根，牛肉汤 1000 毫升，色拉油 15 毫升

调料 / 泰式酸辣酱 15 克，白糖 30 克，水淀粉 10 毫升

做法

1 / 熟牛腱切块；西红柿、洋葱洗净切块；柠檬洗净榨汁；香茅洗净切段，备用。

2 / 取一不锈钢炒锅，烧热后，加入色拉油，再放入洋葱炒香，加入牛肉汤共煮，煮沸后转小火。

3 / 向锅中放入香茅段、柠檬汁及泰式酸辣酱，以小火煮约 30 分钟，再加入西红柿块和白糖，继续炖煮约 10 分钟，最后以水淀粉勾芡，即可盛盘。

泰式酸辣酱，即冬阴功酱。冬阴，是酸辣的意思；功，是虾的意思。其同名酱汤，冬阴功汤是世界十大名汤之一，也是泰国的国汤。

如风速一般的印尼菜

印尼菜个性鲜明，
多是因为香和辣在“作祟”。

“香”字打头，“辣”字把关，是印尼菜的特点。印尼菜肴口味比较重，与其环境、气候一样，具有很纯粹的热带风格。中国人的饮食相对复杂，强调色、香、味俱全，相较之下，印尼人的饮食则简单了许多。他们更注重实际使用，对“面子”一事并不过分追求。他们立足于“味”，并将其淋漓尽致地发扬。印尼的菜肴花样多重，但特色鲜明，多是香和辣在“作祟”。

印尼是一个香料大国，处处香气浓郁。印尼人喜欢在料理美食时添加大量的香料，无论是“术业有专攻”的大厨，还是平常的家庭主妇，都能游刃有余地搭配、处理各种香料。常用的有胡椒、丁香、豆蔻、桂皮、香菜以及小茴香等。

印尼人嗜辣，世世代代每天在厨房中与辣打交道，让他们对辣的认识愈来愈深刻，从而他们也拥有了自己的“辣”哲学，混合多种不同的香料丰富了辣的味道，使其更加多元化。

“香”和“辣”塑造了印尼饮食文化，其代表包括有小到一种调味酱料——沙嗲酱；大到一个地域菜系——巴东菜。

巴东菜，印尼语是 Masakan Padang，源于印尼的西苏门答腊地区，是由米南佳保人烹饪出来的。如今，不仅仅在印尼本土，巴东菜在整个东南亚都颇受欢迎。

巴东菜口味如火般辛辣，上菜更如风般迅速。因为并不是现炒现做的，而多是提前做好的熟食，所以只要你一坐下，服务员会立即端上好几个甚至更多的盘子，直到桌子摆满。你可以随意挑选，也不用担心为这一整桌美食埋单。当然，除非你的胃够大，能将所有的美食席卷一空。巴东菜还有一个特色，便是手抓。如果你也想过一把“手抓”瘾的话，在进食时，请不要使用左手，因为印尼是一个信仰伊斯兰教的国度。

有人说，巴东菜之所以能够广为流传，除了其美好的味道外，与西苏门答腊人的性格也有密切关系。勇于冒险的他们在异乡独自闯荡时，时常会惦念妈妈亲手做的饭菜，因此母亲也总会做上

胡椒 | 豆蔻
丁香 | 桂皮

许多拿手菜放入他们离乡的背包里。如此，巴东菜便随着他们闯荡漂泊的足迹越走越远。

巴东菜是印尼美食享誉世界的代名词，巴东牛肉则是巴东菜的一张烫金名片。2011 年 CNN 评选出了全球 50 大美食，其中拔得头筹的便是印尼“巴东牛肉”。为何巴东牛肉能有如此大的魅力？相较西式炖牛肉选用牛腱肉或牛腩，以红酒、番茄汁、黑胡椒等辅料，注重成品汤汁的醇厚；韩国香辣牛肉则用辣椒、大料、熟芝麻等调味料，并配提鲜的牛高汤来炖煮牛肉，牛肉软烂，清嫩爽口；日式土豆炖牛肉则将生抽、味啉和糖搭档调味，以至简的手法烹调肥牛的美味；而巴东牛肉则以牛柳为主食材，以特色辣椒酱、咖喱、鱼露、虾膏和香茅等混合、调取香和辣，并用印尼青橘子点缀，如此一番烹饪，使菜色更加丰富诱人，同时牛肉的口感层次更加丰富。

印尼是一个千岛之国，民族众多，因此印尼饮食的地域化特点非常鲜明，爪哇岛饮食就是一个很好的例证。西爪哇岛人多用酸辣调味料，酸辣汤是一大特色；中爪哇岛人习惯以虾酱佐餐；爪哇本族人则青睐甜辣。

爪哇岛人虽食辣，但相较巴东菜辣得透彻、霸道，爪哇料理的辣则来得比较含蓄。除了辣，爪哇菜中当然也少不了咖喱。爪哇猪肉咖喱是印尼咖喱的一个地方代表，不同于印度咖喱的辛辣，其味道较为清爽，对食材的原本味道稍加修饰，不会有喧宾夺主之嫌。

爪哇猪肉

材料 / 梅花肉 400 克，胡萝卜 100 克，洋葱 120 克，奶油 40 克，蒜碎 3 克，柠檬叶 4 片，水 300 毫升，椰奶 100 毫升，牛奶 500 毫升

调料 / 白糖 15 克，白酒、盐、淀粉各少许，爪哇咖喱块 100 克，酱油 20 毫升

做法

1 / 将梅花肉、胡萝卜、洋葱均洗净，切成小块，备用。

2 / 热锅，加奶油，以中小火将洋葱块、蒜碎、胡萝卜块、柠檬叶炒至香味出来后，加入梅花肉、酱油、白糖、白酒，炒 3 ~ 5 分钟，加水继续炖煮约 20 分钟至梅花肉软烂。

3 / 将椰奶、牛奶、爪哇咖喱块、盐放入锅中，以小火煮约 5 分钟后，加淀粉勾芡即可。

咖喱巴东卤牛肉

一汪澄黄浓郁的酱汁浸着牛肉，
吃上一口，香辣先行晕开了食者的味蕾，
从而可以更好地吃出牛肉的醇厚。

材料 / 牛臀肉 500 克，洋葱 50 克，红葱头 40 克，姜、大蒜各 35 克，红辣椒 70 克，水 100 毫升，柠檬叶 3 片，姜末 25 克，牛高汤 500 毫升，椰奶 200 毫升，色拉油适量

调料 / 酱油 20 毫升，辣椒粉、姜黄粉各 5 克，香茅粉 3 克，咖喱粉 15 克，白糖、盐各适量

做法

1 / 牛臀肉洗净切大块，备用。

2 / 将洋葱、红葱头、姜、大蒜、红辣椒均洗净，同水、色拉油一起放入果汁机中，搅碎成酱料，备用。

3 / 热锅，倒入适量色拉油，放入牛臀肉块，以小火煎约 3 分钟至肉块呈金黄色时，放入酱油和酱料翻炒约 1 分钟至牛臀肉入味，再放入柠檬叶、姜末、辣椒粉、姜黄粉、香茅粉、咖喱粉，翻炒 1 ~ 2 分钟至有香味散发出来。

4 / 接着放入牛高汤、椰奶炒匀，最后以盐、白糖调味后，转小火续煮约 40 分钟，至汤汁收干即可。

法国大餐里的阳光味

了解法国美食，
从一份勃艮第红酒炖牛肉开始。

关于法国美食，德国作家歌德曾如此评价：“拿破仑的铁蹄征服了欧洲的君主，而法国厨子的美食征服了所有人的肠胃。”

了解法国美食，首先从一份勃艮第红酒炖牛肉开始。看过美国电影《朱莉与茱莉娅》的人，都会对勃艮第红酒炖牛肉(Boeuf Bourguignon 一道著名的法国菜）印象深刻。菜肴的名字来自于两样勃艮第的物产：牛肉和红酒。勃艮第是个以高质量种牛饲养（尤其是夏洛来牛）和葡萄园而著称的地区。如同姜饼和勃艮第红酒酱鸡蛋一样，勃艮第红酒炖牛肉是一道象征着勃艮第的菜肴，富有实验和创意色彩。此道菜里，勃艮第的美酒和牛肉当然是绝对主角，不过其配菜也有很多种，蘑菇、小洋葱、培根、肥猪肉丁、胡萝卜和土豆等，你可以依据自己的口味随意搭配。作为星期日的传统菜肴，由于烹调的时间比较长，所以头天晚上腌肉，第二天慢炖是不错的选择，这样你不必因担心时间不够而慌张。打开音乐，拿起一本书去读，此时你只需安静等待着慢炖中的红酒、肉和香草一点点相互融合。

关于普罗旺斯的美食，法国名厨乔治・布兰科曾说过：“山与海的美味在普罗旺斯相遇，共同筑起美食的版图。”

普罗旺斯毗邻地中海，几乎整年都在灿烂的日光中沐浴；北路的高山为它挡住冬季寒冷的朔风；源于阿尔卑斯山的隆河蜿蜒流过，如此得天独厚的自然条件，让各种植物无拘无束地生长。各式各样的时令果蔬，如葡萄、草莓、樱桃、水蜜桃、芦笋、大蒜、甜椒、番茄……给大厨们提供了更多种的选择去发挥和创造。

▲
夏洛来牛原产于法国夏洛来省和涅夫勒地区。

普罗旺斯是一个受上帝眷顾的地方。你可以去卡马格的盐场看到玫瑰色的盐之花，在西斯特吃到鲜嫩美味的羔羊肉，到泉水镇喝到清冽的泉水，去戈尔德石头村买到甘醇的野蜂蜜。你也可以在茂密的橡树林穿梭的途中，无意间发现一株珍贵的松露菌菇；驾车去到乡间的葡萄庄园里喝到醇香的葡萄酒，吃到不同优秀品种的葡萄，如西拉、歌海娜、神索和佳丽娜等；你还能吃到从附近的近岸岩礁海区里打捞的法国海产品。

薰衣草

迷迭香

罗勒

诗人罗曼·罗兰曾说过，法国人之所以浪漫，是因为有普罗旺斯。其实，如果没有了普罗旺斯，法国人的饮食想必也会少了几分趣味。普罗旺斯是一座芳香之城，生长着不同种类的香草，有薰衣草、迷迭香、百里香、大茴香、罗勒、香茅等。因此，当地人会将各种各样的香料添加到料理中，特别是在炖肉时，他们会用红酒和香料去腌渍肉，然后配各种蔬菜来煮。

村上龙在《普罗旺斯鱼汤》一文中曾写道，我们年纪越大，就越害怕感伤。因为，无可挽回的时间越来越多了。“然而，也会遇到令我们远离感伤的东西。比方说，普罗旺斯鱼汤。普罗旺斯鱼汤中凝聚了海洋的芳香和勇气。”

充足的阳光、热情的人以及美味的料理共同形成了“普罗旺斯风”，让普罗旺斯美食越来越受欢迎。

不能缺酸菜的德国菜

德国人喜酸咸，
酸菜每天都和他们打着照面。

什么是德国风味？啤酒、香肠、面包和土豆。相较于华丽、复杂的法国菜和意大利菜，简单、朴素的德国菜也许只能以分量大取胜了。德国人以烤、焖、串烧、烩等方法烹饪食物，调味较浓重。德国人饮食喜酸、咸，于是乎，酸菜便跳上了德国人的餐桌。德国人对酸菜痴迷般喜欢着，酸菜烤猪肘、酸菜煎香肠、酸菜土豆泥、酸菜面包……在德国，不少的佳肴中都有酸菜的影子。

酸菜，古称菹，《诗经》中有“中田有庐，疆场有瓜，是剥是菹，献之皇祖”的描述。制作酸菜的初衷是为了延长蔬菜的保存期限。冬天气温低，蔬菜容易被冻坏，人们多在深秋制作酸菜，以便冬天食用。我国制作酸菜的历史比较悠久，很多地区都会制作酸菜，比如东北酸菜、四川酸菜、贵州酸菜等。

德国酸菜与我国东北酸菜基本相同，制作的主要材料都是白菜和食盐。不同的则是，德国人制作酸菜时，会将白菜切成非常细的丝，用重物捶压白菜出水后，加盐；而东北人则是将整棵白菜剖成两半或者四半，然后一层盐、一层菜，依次铺放。同时，德国人在制作酸菜时会加入白葡萄酒，有时还会加入酒醋或者果醋，而且中途还会放入必需的乳酸菌。因此，德国酸菜的口感比东北酸菜要酸得多。

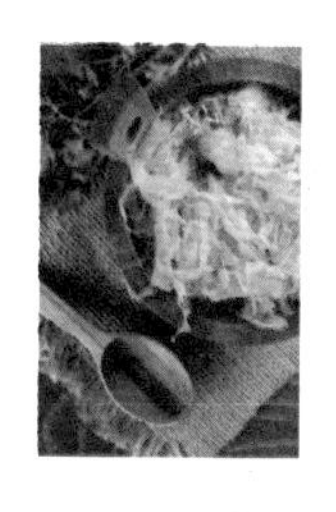

▲
德国人极爱吃酸菜，被戏称为“酸菜人”。

幸福的人都是相同的，喜欢酸菜的理由也都是相同的。酸菜制作简单，可以作调味品，又可以作开胃小菜、下饭菜，因此，很多国家的人们都会制作出特色酸菜。俄罗斯人喜欢用圆白菜和胡萝卜配一些桂树叶制作酸菜，和德国人一样，将食材切成细丝。特别的是他们每层蔬菜中加入苹果块和红莓苔子（一种森林浆果）。相比之下，韩国人制作酸泡菜的菜料则丰富得多，他们用各种水果、肉料、海鲜、鱼酱、高汤以及辣椒、酸等调料来搭配白菜和萝卜，吃起来酸辣爽口。日本人将酸菜取名为“渍菜”，其制作原料不限于大白菜，茄子、黄瓜、洋白菜都是常见的品种。渍菜的制作方法并不复杂，将洗好的白菜放到从商场买来的渍菜汁中，再加入一点盐和味精，待发酵几天即可。不同于其他酸菜的咸，渍菜口味总体趋于酸甜。此外，必须一提的是，我国四川地区的人们在制作酸菜的时候不放盐。他们先将原料入沸水汆烫，捞出沥干水放入坛中后，然后加入烧好的稀面水或者米汤和酸料封坛贮存。

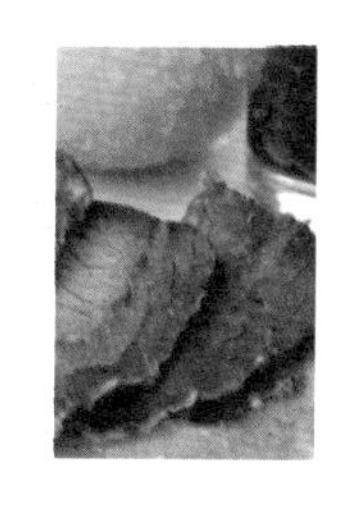

▲
牛肉也以醋焖，全因对酸味的痴迷。

如果说酸菜表达了德国人喜酸咸的口味，那么醋焖牛肉则代表了德国菜。醋焖牛肉久负盛名，源于北威州的莱茵河畔，现如今在德国的大小餐厅都能得到。说到这道菜，就不能不提到尤利乌斯·恺撒大帝，在进军高卢的途中，他的军队曾经在殖民地驻扎，因匆忙行军而遗留下一架马车，车内装有醋罐、牛肉和一小袋葡萄干。于是，“莱茵醋焖牛肉”就诞生了，从前这道菜式的传统是以马肉为原料，而今则改用牛肉。制作醋焖牛肉的诀窍在于腌制时间长，可以腌上4～5天。因此，很多德国人会在一周的开始，在某天有空的晚上先将肉用腌料腌渍，然后周末料理享用。